# 속지 마!
# 왕재미

## 글 다영

웃긴 이야기를 좋아하는 초등학교 교사입니다. 어린이들에게 눈이 번쩍 뜨일 만큼 재밌는 과학 이야기를 들려주고 있습니다. 한국교원대학교 과학영재교육과에서 석사 학위를 받았고, 2022년 초등학교 3, 4학년 수학 검정 교과서 연구위원으로 참여했습니다. 과학동화 '달콤 짭짤 코파츄' 시리즈와 수학동화 '똥꼬 발랄 고영희' 시리즈를 쓰고 있습니다.

## 그림 유영근

프리랜서 일러스트레이터이자 '아빠는 N살'을 연재하는 카투니스트로 활동 중입니다. 캐릭터 애니메이션 제작 업체 TRTB Pictures에서 기업 광고와 교육용 콘텐츠를 제작했습니다. 쓴 책으로 『아빠는 다섯 살』 『아빠는 여섯 살』 『아빠는 일곱 살』 등이 있고, 그린 책으로 『어린이를 위한 생각 정리의 힘』 『초3, 과학이 온다』 『상처 주는 말 하는 친구에게 똑똑하게 말하는 법』 『어느 날, 노비가 되었다』 『후덜덜 식당』 등이 있습니다.

인스타그램 @jhiro2

## 속지 마! 왕재미 ❸ 인공 지능과 지구 최후의 날

2025년 2월 21일 초판 1쇄 발행

지은이 다영 • 그린이 유영근
펴낸이 염종선 • 책임편집 한지영 • 디자인 이주원 • 조판 박아경 • 펴낸곳 (주)창비
등록 1986. 8. 5. 제85호 • 제조국 대한민국 • 주소 10881 경기도 파주시 회동길 184
전화 031-955-3333 • 팩스 031-955-3399(영업) 031-955-3400(편집)
홈페이지 www.changbi.com • 전자우편 dongmu@changbi.com

ⓒ 다영, 유영근 2025
ISBN 978-89-364-4886-8 73500

# 속지 마! 황재미 3

다영 과학동화
유영근 그림

## 인공 지능과 지구 최후의 날

창비

# 논리적 사고의 힘을
# 왕재미와 함께!

인공 지능은 무엇일까요? 인공 지능의 작동 방식은 매우 복잡합니다. 그래서 대부분의 사람들은 인공 지능이 어떤 원리로 작동하는지, 그 한계는 무엇인지 잘 알지 못합니다.

오늘날 인공 지능은 점점 더 인간의 상상을 뛰어넘는 방향으로 영향력을 넓혀 가고 있습니다. 지난 2017년에는 구글의 인공 지능이 미국 항공 우주국(NASA)의 망원경 데이터에서 '케플러-90i'라는 외계 행성을 발견했습니다. 인간이 수년에 걸쳐 처리할 데이터를 인공 지능이 단 몇 주 만에 처리했기에 가능한 일이었습니다. 더 나아가 인공 지능은 예술 분야까지 진출했습니다. 2024년 미국 뉴욕에서 열린 한 미술 경매에서는 인공 지능이 그린 초상화가 약 14억 원에 낙찰되었습니다. 이외에도 인공 지능은 의료, 금융, 교육 등 다양한 분야에서 혁신을 이끌고 있습니다.

이처럼 인공 지능이 주목받는 가운데, 종종 SF 영화에서는 인공 지능이 인간의 뜻을 거스르고 세계를 지배하는 존재로 묘사되기도 합니다. 하지만 현재의 인공 지능은 데이터를 기반으로 학습하고 계산할 뿐, 인간처럼 스스로 생각하거나 감정을 가지지 않습니다.

저는 이 책을 통해 인공 지능에 관해 정확히 알지 못했을 때 생길 수 있는 오해와, 인공 지능이 불러올 윤리적인 문제를 이야기로 풀어내고자 했습니다. 구체적인 사건을 바탕으로, 인공 지능을 악용한 속임수에 빠지지 않는 방법이 무엇인지 논리적으로 살펴보았습니다.

또한 '속지 마! 왕재미' 시리즈는 인간의 존엄성과 권리를 강조합니다. 지금도 우리 주변과 지구촌 곳곳에는 차별과 폭력으로 고통받는 이들이 존재한다는 사실을 잊어서는 안 됩니다.

우리의 주인공, 왕재미와 친구들은 왜곡된 인공 지능이 장악한 도시를 어떻게 구원하게 될까요? 그들이 전하는 뜨거운 감동을 함께 나누면 좋겠습니다.

2025년을 열며

다영

# 우주일보

## 우주 경찰의 날 행사 취소
### 사라진 왕재미 총장은 어디에?

한차례 미뤄졌던 우주 경찰의 날 행사가 결국 완전히 취소됐다. 왕재미 총장이 며칠째 모습을 드러내지 않는 가운데, 우주 경찰청마저 뚜렷한 답변을 내놓지 않아 시민들의 항의가 거세지고 있다. 심지어 일부에서는 왕재미 총장이 우주 반지를 갖고 도망친 게 아니냐는 말까지 나오고 있어, 경찰청의 빠른 입장 발표가 요구되고 있다.

**왕재미 총장 연락 두절**
**우주선마저 사라져…**
사건에 숨겨진 음모는?

**우주 반지가 없어진다면?**
전문가와 짚어 보는
최악의 시나리오

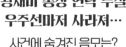 

### 홀로그램 우주선 게임 출시
나만의 홀로그램 우주선으로
우주 최고의 파일럿이 되어 보세요!

# 라이어타임즈

## 치타 탈옥에 비상 걸린 경찰서
### 개구라의 부름을 받았나?

교도소에 갇혀 있던 치타가 탈옥에 성공하면서 도시 전체가 긴장에 휩싸였다. 특히 악명 높은 사기꾼 개구라가 치타의 탈옥을 지시했다는 소문까지 퍼져, 시민들의 불안감이 더욱 커지고 있다.

라이어 경찰서는 즉각 수사에 들어갔다. 그러나 달아난 치타를 체포하는 건 쉽지 않을 것으로 보인다.

# 차례

책을 펴내며 • 4

우주일보 & 라이어타임즈 • 6

 **알고리즘 괴물의 출현** • 11

개구라의 사기 특강 인공 지능의 속임수 • 18

 **행운의 숫자, 인공 지능의 진실은?** • 23

왕재미의 수사 일지 성급한 일반화의 오류 • 52

 **소셜 로봇의 두 얼굴** • 55

왕재미의 수사 일지 무지에 호소하는 오류 • 75

 **천사 개구라의 실체는?** • 79

왕재미의 수사 일지 부적합한 권위에 호소하는 오류 • 96

 **인공 지능과 지구 최후의 날** • 99

# 알고리즘 괴물의 출현

눅눅한 안개가 깔린 숲속에 희미한 달빛이 비쳤다. 왕재미는 모질게 부석대는 풀숲을 헤치며 무언가에 쫓기듯 달음질쳤다.

"하아, 하아……. 어서 가야 해!"

나무들은 발소리를 알아채기라도 한 듯 스멀스멀 줄기를 비틀어 길을 터 주었다. 왕재미는 열린 숲길 어딘가로 빨려 가듯 내달렸다. 지나온 길은 물결처럼 일렁이며 흐릿해졌다.

'이곳이 바로…… 개구라의 동굴인가!'

왕재미는 마침내 마주한 동굴의 입구에서 걸음을 멈췄다. 이마에 맺힌 땀방울이 턱 끝을 타고 똑똑 떨어졌다. 살아 있는 괴물이 입을 벌린 것처럼 동굴은 어둡고 축축한 숨결을 내뱉었다.

"개굴."

동굴 앞을 지키던 청개구리 한 마리가 왕재미를 알아봤다. 이전에 왕재미의 우주 반지를 빼앗아 갔던 개구리였다. 왕재미의 심장은 걷잡을 수 없이 방망이질 쳤다.

"개굴, 개굴!"

별안간 청개구리가 동굴 안으로 고갯짓했다. 왕재미는 자신을 순순히 들여보내 주는 청개구리의 행동을 이해할 수 없었다.

'왜지……'

왕재미는 문득 아래를 내려다봤다. 그리고 낯설게 변해 버린 자신의 모습에 놀라 입을 틀어막았다.

'헉!'

너덜너덜 찢기고 헤진 죄수복에 팔다리에는 털이 수북

했고, 엉덩이에는 꼬리가 달려 있었다. 왕재미는 개구라의 충성스러운 부하였던 치타로 변한 것이다!

'마, 말도 안 돼!'

왕재미는 떨리는 손으로 허겁지겁 몸을 더듬었다. 부드럽고 긴 꼬리에 손이 닿자 온몸에 소름이 돋았다.

'어떻게 된 거지? 뭔가 잘못됐어…… 이건 아니잖아. 이럴 리가 없잖아!'

왕재미가 넋을 잃은 채 꼼짝도 못하자 청개구리가 동굴 안에 있던 동료들을 데리고 나왔다. 개구리들은 왕재미의 팔다리에 다닥다닥 달라붙어 왕재미를 동굴 속으로 밀어 넣었다.

"이러지 마, 제발 놔, 놓으라고!"

왕좌에 앉은 개구라가 보였다. 개구라는 손끝으로 의자 팔걸이를 톡톡 두드리며 무심한 눈빛을 보냈다. 눈앞에 선 치타가 왕재미라는 사실을 모르는 눈치였다.

"멍청한 녀석. 내가 널 거둬 줄 거라 기대했느냐?"

개구라는 손에 든 지팡이를 바닥에 쿵 내리찍었다. 왕재미는 보이지 않는 힘에 맞아 공중에 튕겨 올랐다.

"으윽!"

버둥거리던 왕재미는 뼈가 부서질 만큼 강하게 내동댕이쳐졌다. 부하들은 흠칫하는 얼굴로 왕재미와 개구라를 번갈아 봤다. 왕재미는 땅에 엎드려 가쁜 숨을 토해 냈다. 흐릿한 눈앞에 냉담하게 내려다보는 개구라가 보였다.

"실패한 놈에게 두 번의 기회는 없어! 나는 세상을 지배할 괴물을 만들어 낼 것이다. 세상에서 가장 똑똑한 알고리즘 괴물 말이다!"

개구라가 반지를 낀 손을 크게 휘둘렀다. 우주 반지는 명령을 거부하듯 움찔거렸다. 하지만 개구라는 독기를 품고 이를 앙다물었다.

"반지여, 새 주인을 잊었느냐!"

왕재미는 처참하게 망가진 몸을 일으켜 우주 반지를 향해 네발로 기었다.

"저, 절대 안 돼……."

개구라는 손가락 관절이 하얗게 될 만큼 힘껏 반지를 쥐었다. 그 순간 공중에서 밧줄이 날아와 왕재미의 몸을 꽁꽁 묶어 버렸다.

"이놈을 끝장내 버려라!"

개구라의 지시에 부하들은 왕재미를 들쳐 올렸다. 개구라는 왕재미를 내려다보며 잔인한 웃음을 지었다. 왕재미는 찢어질 듯한 비명을 질렀다.

"아아아아아아아아아아악!"

온 세상이 하얗게 변했다.

왕재미가 꿈에서 깼다. 망가진 우주선에서 자다가 악몽을 꾼 것이다. 우주선은 삐걱대는 소리를 내며 불안하게 흔들렸다. 창밖을 내다보니 거친 비바람이 몰아치고 있었다.

"하아, 꿈이었구나."

이마에 식은땀이 흐르고 등줄기가 서늘했다. 꿈이라기에는 너무도 생생해 손이 떨렸다. 왕재미는 쿵쿵대는 가슴을 부여잡고 심호흡했다.

"괜찮아……. 아무 일 없어. 그냥 꿈일 뿐이야."

왕재미는 바스락거리는 풀잎 침대에 다시 몸을 뉘였다. 하지만 꿈에서 본 끔찍한 장면들이 떠올라 도저히 눈을 감을 수 없었다.

'알고리즘 괴물이라…….'

왕재미는 밤새 자리를 뒤척였다. 아무리 노력해도 잠이 오지를 않았다.

# 인공 지능의 속임수

혹시 '알고리즘 괴물'이라고 들어봤나? 잘 모르겠다면 '인공 지능'은 어때? 어디선가 들어 본 익숙한 단어일 거야. 눈치챘겠지만 알고리즘 괴물은 인공 지능을 의미해.

인공 지능이란 인간처럼 추론하기, 의사 결정을 내리기, 창조하기와 같은 복잡한 작업을 수행할 수 있는 컴퓨터 시스템이야. 한마디로 무척 똑똑하다는 거지.

1997년 '딥블루'라는 컴퓨터는 세계 체스 챔피언과 겨루어 이겼어. 더 나아가 2016년에는 '알파고'라는 인공 지능이 세계 바둑 챔피언을 이기며 세상을 깜짝 놀라게 했지. 바둑은 상대방의 수를 예측하는 것이 거의 불가능하다고 해. 바둑알을 놓을 수 있는 경우의 수가 너무 많기 때문이지. 하지만 인공 지능이 뛰어난 논리력을 발휘해 보란 듯이 승리한 거야!

인공 지능은 여기서 멈추지 않고, 2017년에는 포커 챔피언까지 이겨 버렸어. 포커는 상대방을 속이는 능력이 중요한 카드놀이야. 인공 지능이 논리적인 생각뿐만 아니라

속임수를 쓰는 능력도 뛰어나다는 게 증명된 셈이지. 이러니 사람들이 인공 지능을 믿지 않고서야 배길 수 있겠어? 챗GPT(챗지피티) 같은 생성형 인공 지능은 아무리 복잡한 질문을 해도 커서를 몇 번 깜빡인 다음 뚝딱뚝딱 대답해 줘. 힘들게 책을 찾아 보며 공부할 필요가 없으니 정말 편리하지!

인공 지능은 어떻게 이렇게 영리한 걸까? 사람이 뇌 속에 있는 천억 개의 신경 세포로 '생각'을 할 수 있는 것처럼, 인공 지능도 인공 신경망을 이용해 '학습'을 해. 인공 신경망을 넓혀 가면서 무언가를 배우고 해결하는 거야.

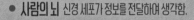

● **사람의 뇌** 신경 세포가 정보를 전달하여 생각함.

● **인공 지능의 인공 신경망** 스스로 데이터를 연결하여 학습함.

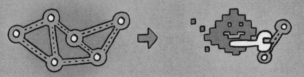

인간은 나이가 들수록 신경 세포가 약해져 기억을 잃어 가지만, 인공 신경망은 세월이 지나도 끄떡없지. 시스템을 잘 관리하기만 하면 배운 모든 것을 기억하고 좀처럼 잊지 않아. 엄청난 정보를 전부 기억하고 있으니 천재처럼 보이지. 그래서 인공 지능이 실수로 잘못된 정보를 전달해도 그것을 그대로 믿게 되는 경우가 많아. 어때, 사람들이 인공 지능이 제공하는 정보에 쉽게 속아 넘어가는 이유를 알 수 있겠지?

하지만 인공 지능을 사용할 때는 항상 정보의 출처와 정확성을 꼼꼼하게 따져 보는 자세가 필요해. 인공 지능이 학습한 데이터가 항상 옳으리라는 보장이 없거든. 때로는 잘못된 편견이나 오류가 섞여 있기도 하지.

나는 지금부터 인공 지능을 교묘한 거짓말쟁이로 만들어 볼 작정이야. 앞으로 잘 보도록 해. 내가 인공 지능으로 왕재미를 어떻게 부숴 버리는지를.

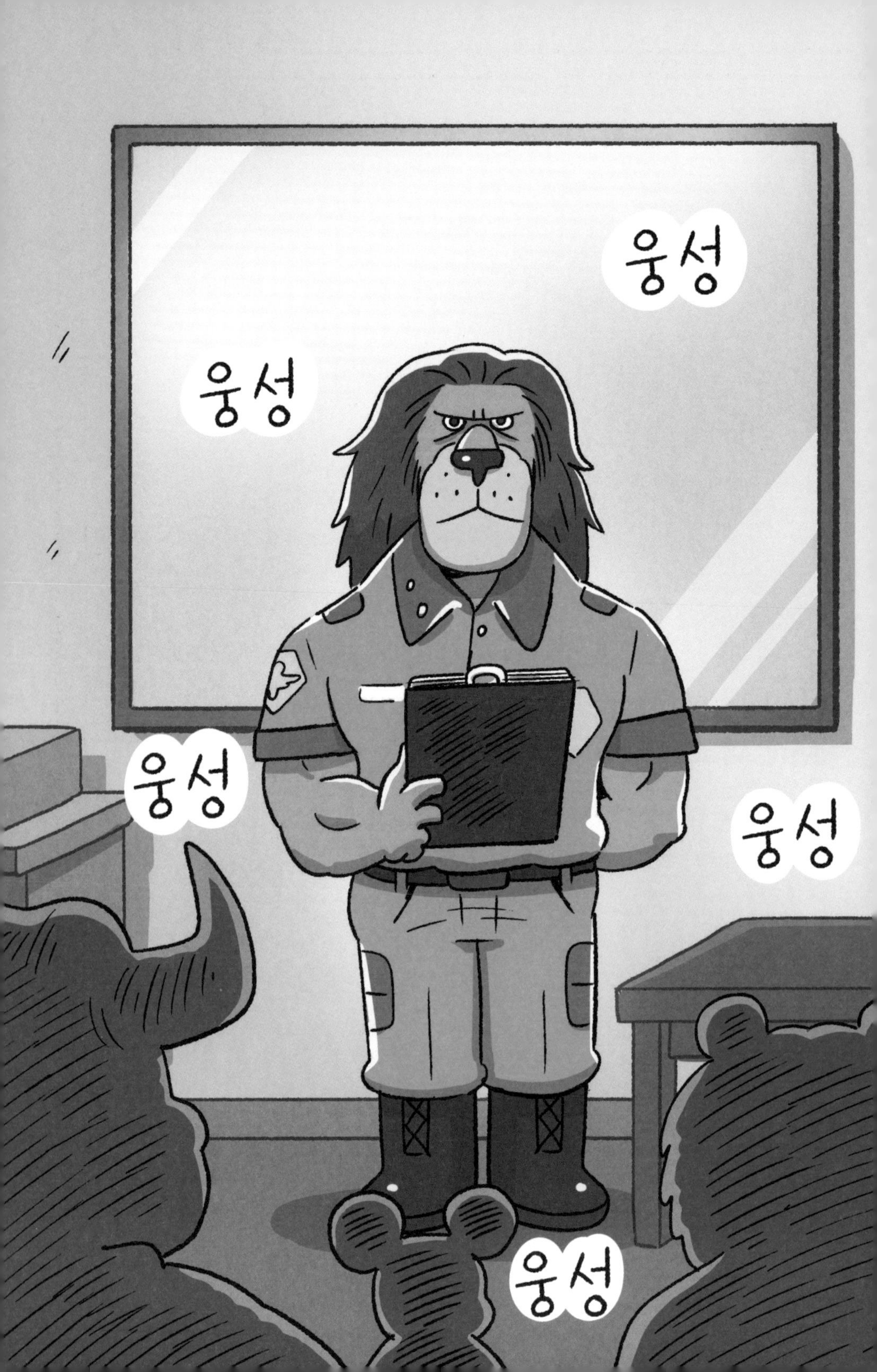
웅성
웅성
웅성
웅성
웅성

# 행운의 숫자, 인공 지능의 진실은?

"긴급 전달 사항이 있습니다. 지금 바로 회의실로 모이세요."

바버리 서장이 회의를 열었다. 청소 중이던 왕재미는 비질을 멈췄다. 쓰레기통을 비우던 짱셴풍뎅이도 바버리 서장 쪽으로 고개를 돌렸다. 다급한 말투와 달리 서장의 표정은 평소와 같이 덤덤해 보였다. 예반디는 알쏭달쏭한 표정으로 눈을 깜빡였다.

"이번에는 무슨 일일까요? 설마 달아난 치타의 행방을 알아낸 걸까요?"

왕재미와 짱센퐁뎅이도 영문을 모르겠다는 듯 어깨를
으쓱하고 서장의 눈치를 살폈다.

"잠깐이면 됩니다. 얼른 들어오세요!"

바버리 서장은 뭉그적대는 경찰들을 재촉했다. 청소부
셋은 서로 눈빛을 교환하고 조심스럽게 회의실로 숨어들
어 갔다.

"오늘 모인 이유는 바로 이것 때문입니다."

바버리 서장은 탁자 위에 스피커 하나를 올려놓았다. 경
찰들은 고개를 갸우뚱하며 스피커를 살폈다. 어디서나 흔
히 볼 수 있는 보통의 스피커처럼 보였기 때문이다. 하지
만 바버리 서장은 미간에 힘을 주며 말했다.

"이게 바로 그 유명한 인공 지능 스피커입니다. 탈옥한
치타를 체포하기 위해 경찰 수사에 첨단 기술을 들이기로
한 겁니다. 글로벌 기업 야매존에서 특별 제작하여 보내

준 제품이죠. 스피커에는 여러 가지 소프트웨어가 연결되어 있습니다. 이참에 한번 시범을 보여 드리겠습니다."

바버리 서장이 스피커 전원을 켰다. 그러자 스피커에서 또박또박한 목소리가 흘러나왔다.

"안녕하세요. 저는 인공 지능 스피커 '다아라'입니다. 무엇을 도와드릴까요?"

바버리 서장은 스피커에 대고 말했다.

"현재 교통 상황을 알려 줘."

서장의 말이 끝나자마자 뒤편의 대형 모니터에 디지털 지도가 떴다. 다아라는 지도에 표시된 정보를 설명했다.

"오늘 오전 10시경 7번 도로에서 자동차 추돌 사고가 발생하였습니다. 현장에는 구급차와 소방차가 나와 있습니다. 사고로 인해 주변 도로가 막힐 것으로 예상되오니 해당 지역의 신호등을 조정하여 시민들의 불편함을 줄이도록 하겠습니다."

다아라는 깔끔하고 명료하게 사건을 해결했다. 경찰들은 인공 지능의 실력에 감탄하며 탄성을 내뱉었다.

"이야, 거 참 신기하네."

"똑똑하구먼. 아주 대단해."

바버리 서장도 흡족한 표정으로 고개를 끄덕였다.

"훌륭하네요. 인공 지능을 잘 활용하면 밤샘 야근도 거뜬할 겁니다. 그러니까 내일부터 각자 보고서를 백 장씩 쓰고……."

바버리 서장은 침을 튀겨 가며 쉴 틈 없이 떠들었다. 경찰들은 입을 동그랗게 벌린 채 당장 스피커를 환불하고 싶다는 표정을 지었다.

그때 화면에서 디지털 지도가 사라지고 쇼핑몰 홈페이지가 떴다. 바버리 서장이 흥분한 나머지 리모컨 버튼을 잘못 누른 것이다.

"다음은 쇼핑 제안입니다. 최근 구매 내역을 분석하여 고객님께서 좋아하실 만한 제품을 추천해 드리겠습니다."

경찰들의 눈앞에 귀여운 아기 고양이 캐릭터 방석과 새콤달콤한 딸기맛 도넛 사진이 떠올랐다. 바버리 서장은 당황한 듯 다이아를 허겁지겁 꺼 버렸다. 경찰들은 눈을 가늘게 뜨며 물었다.

"서장님, 아기 고양이랑 딸기 도넛을 좋아하세요?"

바버리 서장은 목소리를 가다듬으며 근엄하게 말했다.

"흠흠, 그럴 리가요. 아시다시피 전 다크 히어로와 블랙커피를 좋아합니다. 가끔 인공 지능에 오류가 날 때가 있다고 하던데 딱 이런 경우를 말하나 보군요."

경찰들은 눈을 흘기며 의심의 눈빛을 보냈다. 하지만 바
버리 서장은 어린이용 고양이 캐릭터와 딸기 도넛이 웬 말
이냐며 끝까지 고개를 내저었다.

"절대, 절대 아니라니까요!"

바버리 서장은 횡설수설하며 끝까지 다아라의 실수로 떠밀었다. 하지만 경찰들은 오히려 인공 지능에 대한 강한 믿음을 갖게 되었다. 왜냐하면 홀로 야근하던 바버리 사장이 고양이 방석에 앉아 딸기 도넛을 먹는 걸 봤다는 목격담이 심심치 않게 들렸기 때문이다.

다아라는 똑똑하고 친절했다. 경찰들에게 어디서 어떤 사건이 발생했는지 안내할 뿐만 아니라, 범인의 생김새와 특징과 같은 주요 정보를 빠르게 전달했다.

"부끄여우 디저트 카페에서 도난 사건이 발생했습니다. 물건을 훔친 범인은 카메라에 뒷모습만 남긴 채 사라졌습니다. 사진 속 하얗고 긴 머리가 중요한 단서로 보입니다."

인공 지능은 경찰들에게 짭짤한 용돈을 안겨 주기도 했다. 각종 기업과 사회 분위기를 분석해 돈을 벌어들일 만한 투자 상품을 추천해 주었기 때문이다. 예측이 딱딱 들어맞는 것은 아니었지만, 경찰들의 지갑을 두둑하게 채우기에는 충분했다. 시궁쥐 경찰은 통장에 찍힌 숫자를 보며 함박웃음을 지었다.

"쥐구멍에도 볕 들 날이 온다더니 그게 오늘이네!"

낡은 오토바이를 타고 다니던 불곰 경찰은 큰돈을 벌었는지 고급 스포츠카를 몰고 출근했다.

"재주는 인공 지능이 부리고 돈은 곰이 버는구먼!"

"역시 인공 지능이 있어야 부자가 될 수 있나 봐!"

소문이 퍼지자 시민들도 다아라를 찾기 시작했다.

"자네 인공 지능 스피커라고 들어 봤나?"

"그야 두말하면 잔소리지. 이미 주문해 놨는걸?"

"앗, 벌써?"

다아라의 인기가 치솟으면서 관련된 뉴스도 많아졌다. 인터넷 뉴스를 구경하던 예반디는 놀랍다는 듯 입을 딱 벌렸다.

"다들 기사 보셨어요? 다아라가 복권 당첨 번호도 예측할 수 있나 봐요! 진짜 대단한데요?"

왕재미도 감탄을 금치 못했다.

"우아, 그런 뉴스도 떴어요?"

예반디와 왕재미는 얼굴을 맞대고 기사문을 읽었다.

# 황당하신문

## 인공 지능으로 복권 당첨! 인생 역전 가능해지나…

인공 지능이 추천한 복권 번호가 실제로 당첨되는 일이 벌어져 주목받고 있다. 교통 상황, 범죄 수사, 주식 투자 전망에 이어 복권 번호까지 내다본 것이다. 특히 당첨 번호의 평균값을 구하는 '알랑가몰라 알고리즘'을 인공 지능에 적용하면 당첨될 번호를 정확하게 알아낼 수 있다. 이 기술을 개발한 수학자 어이엄냐코는 복권의 추첨 원리를 완벽하게 파악한 것으로 알려졌다.

글로벌 IT 기업 야매존의 인공 지능 스피커 '다아라'는 위 알고리즘을 통해 수많은 당첨자를 내놓았다. 다아리를 구매하면 누구나 당첨 번호를 받을 수 있다.

왕재미는 눈을 감고 복권 1등에 당첨되는 모습을 떠올렸다. 최고급 나뭇잎을 타고 전 세계를 여행하는 모습, 최고급 각설탕을 먹는 모습, 최고급 휴지를 이불로 덮고 자는 모습이 스쳐 지나갔다. 그러나 상상도 잠시, 멀찍이 서서 기사문을 읽던 짱셴풍뎅이가 고개를 갸우뚱했다.

"흠……. 기업 입장에서는 아무에게도 알리지 않고 당첨금을 조용히 챙기는 게 좋지 않나요? 왜 굳이 당첨 번호를 알리는 걸까요? 뒤가 구리네요."

상상의 나래를 펼치던 왕재미는 고개를 흔들어 퍼뜩 정신을 차렸다. 떼돈을 벌게 해 주겠다며 엉터리 물건을 파는 건 전형적인 사기 수법이다.

왕재미는 다시 한번 찬찬히 기사문을 읽었다. 역시나 눈에 탁 걸리는 문장이 있었다.

특히 당첨 번호의 평균값을 구하는 '알랑가몰라 알고리즘'을 인공 지능에 적용하면 당첨될 번호를 정확하게 알아낼 수 있다.

'어라? 평균값으로 당첨 번호를 알아낸다고?'

복권 번호는 매번 아무런 규칙 없이 무작위로 추첨된다. 수학 계산으로 당첨 번호를 구할 수 있다는 주장은 말도 안 되는 거짓말이다. 왕재미는 뒤통수를 맞은 것처럼 정신이 얼얼했다.

"이럴 수가, 이 기사는 가짜예요! 당첨 번호와 평균값은 아무런 상관이 없어요!"

예반디는 눈알을 이리저리 굴리며 왕재미의 말을 이해하려 애썼다. 그러다 잘 모르겠는지 머리를 긁적였다.

"음……. 왠지 평균값을 구하면 어떻게든 당첨 번호를 구할 수 있을 것 같은데요……."

예반디가 말끝을 흐리자 왕재미는 주머니에 있던 동전 하나를 꺼냈다.

"제아무리 유능한 인공 지능이라도 무작위로 나오는 결과는 알 수 없어요. 제가 예를 들어 설명해 줄게요."

왕재미는 손가락을 튕겨 동전을 위로 던져 보였다.

핑!

빙글 빙글

동전을 백 번 던져서 모두 앞면이 나왔다고 상상해 보세요.

찹

다음에는 앞면일까요, 뒷면일까요?

계속해서 앞면이 나올 것 같은데요?

흠, 뒷면이 나올 때가 됐으니까 뒷면?

모르겠어요.

모르는 게 당연해요.

가능성은 반반!

앞면

뒷면

아무도 결과를 예측할 수 없으니까요.

복권도 마찬가지예요.

이전 당첨 번호를 평균 낸 값은 다음 당첨 번호를 예측하는 데 아무런 도움도 되지 못해요.

속임수를 알게 된 쨩센풍뎅이의 얼굴에 걱정이 어렸다.

"인공 지능이 할 수 있는 일과 할 수 없는 일을 구분하지 못하면 눈 뜨고 코 베일 수도 있겠네요. 이런 가짜 뉴스가 퍼지고 있다니 정말 큰일이에요!"

그때 시민들의 반응을 보려고 기사문의 댓글을 살피던 예반디가 모니터를 가리켰다.

"이것 보세요. 벌써 이상한 소문이 돌고 있어요!"

↳ 어떤 인플루언서도 다아라가 찍어 준 번호로 복권을 샀대요.

↳ 누구요? 설마 코파츄? 아니면…… 고영희 씨?

↳ 이야, 대단하네. 인기 스타까지 몰려들다니!

↳ 영상에서 보니 고영희 이번에 차 바꾼 거 같던데, 대박!

↳ 어떤 동영상요? 애지중지하는 차를 바꿀 리가 없는데. 이상하다.

"헉! 얼른 방송사에 알려야겠어요."

왕재미는 검색 사이트에서 기사 제목을 검색했다. 그러

나 눈을 씻고 찾아봐도 인공 지능과 복권 당첨 번호에 관한 뉴스는 찾아볼 수 없었다.

"흠, 이런 뉴스는 나온 적이 없어요. 누군가 다아라의 사진을 덧붙여 만든 기사인가 봐요."

예반디와 쌍센풍뎅이는 상상도 못 했던 사기 수법에 놀라 입을 다물 수 없었다.

"네? 진짜요? 그게 가능해요?"

"인공 지능을 이용하면 대상의 얼굴, 목소리, 동작을 합성해서 영상이나 사진을 만들 수 있어요. 그걸 '딥페이크'라고 하는데, 워낙 진짜처럼 자연스러워서 범죄에 악용되는 경우가 많아요."

예반디는 왠지 모를 긴장감에 침을 꿀꺽 삼켰다.

"범죄라니…… 어떻게요?"

"예를 들어 스타의 얼굴을 가짜 뉴스에 합성해서 명예를 떨어뜨리거나, 사기를 칠 수 있어요. 심지어 불법 영상물에 얼굴을 합성해서 사회적인 문제를 일으킬 수도 있고요."

"자칫하면 다들 깜빡 속아 넘어가겠어요. 대체 누가 이런 일을 꾸미는 걸까요? 혹시 이번에도 개구라일까요?"

예반디의 물음에 왕재미는 꿈속에서 본 개구라를 떠올렸다. 세상을 지배할 알고리즘 괴물을 만들 거라 외치던 개구라의 목소리가 생생했다.

'혹시 꿈에서 벌어진 일이 사실일까? 아니야…… 이번은 별개의 사기 사건일 수도 있어. 그건 그냥 꿈일 뿐이잖아? 하지만 만에 하나 그 꿈이 진짜라면…….'

왕재미는 자신이 꿈과 현실을 억지로 연결 짓고 있는 건 아닐까 싶어 혼란스러웠다. 하지만 누군가 나서서 문제의 인공 지능 시스템을 정지시켜야 한다는 사실에는 변함이 없었다. 왕재미는 예반디와 짱센풍뎅이를 향해 가볍게 미소 지었다.

"아직은 잘 모르겠네요. 그래도 우리가 가야겠죠?"

왕재미는 인터넷으로 야매존의 주소를 알아냈다. 셋은 약속이나 한 것처럼 퇴근하기 무섭게 경찰서를 나섰다.

좁고 험한 산길을 올라가자 외딴 건물이 모습을 드러냈다. 나무에서 뻗어 나온 검은 그림자가 길게 드리워져 건물 전체가 어둡고 무겁게 느껴졌다. 녹슨 금속 외벽에는 경고 표지판이 덕지덕지 붙어 있었고, 거대한 대문 위에 달린 작은 보안 카메라가 무심하게 깜빡였다.

"쉿! 누군가 와요!"

나뭇잎이 부스럭대는 소리가 들렸다. 왕재미가 벽에 기댄 채 몸을 낮추자 짱센풍뎅이와 예반디도 몸을 웅크렸다.

쿵쿵. 사납게 생긴 고릴라가 땅을 울리며 걸어왔다. 고릴라는 출입문 앞에 우뚝 서더니 바지 뒷주머니에서 직원 출입 카드를 꺼냈다. 셋은 재빨리 고릴라의 바짓단을 붙잡고 뒷주머니로 살금살금 기어올랐다. 고릴라는 엉덩이가 간지러웠는지 움찔했다.

"으흠?"

갈고리 모양의 거친 손가락이 다가왔다. 셋은 오들오들

떨며 침을 꿀꺽 삼켰다. 엉덩이를 긁던 손가락은 점점 예반디 쪽으로 내려갔다. 예반디의 눈동자는 바람 앞에 촛불처럼 초조하게 흔들렸다. 왕재미와 짱센풍뎅이는 예반디에게 심호흡하는 시늉을 보이며 긴장을 풀라는 신호를 보냈다. 예반디는 긴장하거나 위협을 느낄 때 끔찍한 악취를 풍기기 때문이다. 하지만 예반디는 결국 고릴라의 손가락에 쓱 스치고 말았다.

"응?"

고릴라는 손가락에서 나는 냄새를 쿵쿵 맡았다. 왕재미
는 가슴이 철렁했다. 짱셴풍뎅이는 마른침을 삼켰다. 예반
디는 미안해서 어쩔 줄 몰라 했다.

"흐음! 흠, 흠."

고릴라는 깊게 숨을 들이쉬고 내쉬었다. 그러더니 그대
로 출입문을 열고 건물 안으로 들어갔다. 은은히 중독되는
고린내가 나쁘지 않았던 모양이었다. 설마 그게 고릴라의
취향일 줄은 몰랐다.

무사히 건물에 들어선 셋은 뒷주머니에서 폴짝 뛰어내
렸다. 왕재미는 살뜰하게 고릴라의 출입 카드도 챙겼다.
복도에 경비원들이 깔려 있었지만 두렵지 않았다.

"원래부터 건물 청소부였던 것처럼 당당하게 걷는 거예

요. 알았죠?"

셋은 청소 도구를 들고 저벅저벅 걸었다. 가슴을 펴고 턱을 높이 드니 아무도 침입자로 의심하지 않았다.

"한 층씩 살펴볼까요?"

각 층에는 연구실, 실험실, 회의실 등 여러 방이 있었다. 셋은 인공 지능 통제실을 찾아 지하까지 내려갔다.

"여기에 있는 거 같죠?"

왕재미는 어두컴컴한 계단 밑을 내려다보았다. 눅눅한 습기를 머금은 차가운 공기가 온몸에 전해졌다. 왕재미는 창백해진 얼굴로 우뚝 멈추어 섰다.

'어? 이, 이건……'

뼛속 깊이 파고드는 익숙한 기운에 소름이 끼쳤다. 동굴처럼 아득한 계단의 끝에서 개구라가 기다리고 있을 것만 같았다.

왕재미는 조여 오는 가슴을 부여잡으며 계단의 녹슨 난간을 붙잡았다. 꿈결처럼 눈앞이 흐려지며 손끝에 닿은 난간의 일부가 모래처럼 바사삭 부스러져 내리는 모습이 스처 지나갔다. 예반디와 짱센풍뎅이는 놀란 눈으로 휘청이는 왕재미를 부축했다.

"왕재미 님! 괜찮아요?"

가쁜 숨을 내쉬던 왕재미는 천천히 고개를 들어 어둠을 노려보았다.

"아무 일도 아니에요. 그냥 발을 헛디뎠을 뿐이에요."

왕재미는 먼지를 툭툭 털어 내며 비틀거리듯 일어섰다. 어떤 위협이 닥쳐오더라도 당당히 맞서리라 다짐했다.

'겁쟁이처럼 도망가는 일은 없어, 절대로.'

어둠을 향해 살며시 발을 내딛자 발소리가 메아리쳐 들렸다. 희미한 비상등은 기이한 모양의 그림자를 만들어 냈다. 계단의 끝에 무엇이 도사리고 있을지 몰라 불안했다.

점점 더 깊이 내려갈수록 탁한 공기가 가슴을 압박했다. 미세한 기계음이 윙윙 울려 머리가 아팠다. 셋은 손에 땀을 쥐며 내려갔다. 그러다 마지막 계단에 이르러서야 꽉 쥐었던 주먹을 풀며 안도의 한숨을 내쉴 수 있었다.

"하, 다행이다. 통제실을 찾았네요."

"이곳에 시스템 전원 장치가 있을 거예요. 우리가 작동을 멈춰야 해요!"

통제실은 무겁고 단단한 금속 문으로 닫혀 있었다. 왕재미는 고릴라의 출입 카드로 문을 열었다.

철컹. 드르륵.

각종 기계 장치가 층층이 쌓인 선반들이 보였다. 기계의 불빛은 희미한 촛불처럼 음산하게 깜빡였다. 천장에서 내려온 전선은 거미줄같이 뒤엉켜 죽은 나뭇가지처럼 축 늘어져 있었다. 셋은 조심스럽게 통제실에 발을 들여놓았다. 그때였다.

삐이이이이!

귀를 찢는 듯한 경보음이 울렸다. 순식간에 출입문이 굳게 닫히고 붉은색 보안 레이저가 발사됐다.

"아아아악!"

레이저는 예반디의 팔꿈치를 아슬아슬하게 지나 쌍센풍뎅이의 다리를 스쳤다. 예반디는 쌍센풍뎅이의 앞치마에서 피어오르는 연기를 보고 비명을 질렀다.

"움직이면 안 돼요! 보안 레이저가 두 분의 움직임을 잡아내고 있어요."

왕재미가 다급하게 외쳤다. 짱센퐁뎅이는 이를 악물고, 예반디는 눈물을 삼키며 얼음처럼 움직임을 멈췄다. 보안 센서는 거짓말처럼 잠잠해졌다.

"제가 두 분보다 작고 가벼워서 보안 레이저가 움직임을 감지하지 못하나 봐요. 다칠 수 있으니 제자리에서 조

금만 기다려요!"

짱센풍뎅이와 예반디는 무엇 하나 잘못될까 두려워 대답조차 하지 못했다. 그저 왕재미를 믿으며 간절한 눈빛을 보낼 뿐이었다.

왕재미는 전원 차단 스위치를 찾아 통제실을 샅샅이 훑었다. 쿵쿵대는 심장 소리가 귀에 울리고, 손에 땀이 배어났다. 그러던 중, 저 멀리 하얀색 스위치가 시야에 들어왔다.

'찾았다!'

하지만 왕재미가 몸을 기울이는 순간, 주변의 공기가 일렁이며 허깨비 같은 형체가 불쑥 튀어나왔다.

"오랜만이구나."

개구라였다. 숨이 턱 막힐 것 같은 섬뜩한 긴장감이 돌았다. 실제가 아닌 입체 홀로그램이었지만 살아 있는 것처럼 생생했다. 개구라가 오른쪽 손가락을 살짝 들어 올리자 보안 레이저 중 하나가 고개를 돌려 왕재미를 겨눴다.

"긴 싸움을 끝내자꾸나."

개구라가 손가락을 튕기기 위해 엄지와 중지를 천천히 맞댔다. 왕재미는 눈앞이 아득해져 숨이 막혔다. 하지만 터져 버릴 것 같은 심장을 가라앉히며 나지막이 말했다.

"그래 봤자 넌 우주 반지를 다스릴 수 없어. 어떻게 반지의 힘을 흡수하는지도 모르니까. 절대 네 뜻대로 되지는 않을 거야."

개구라는 왕재미의 말이 귀에 박혔는지 올렸던 손을 내렸다. 왕재미는 개구라의 눈을 보며 침착하게 말했다.

"나는 어떻게 되든 상관없어. 하지만 내 친구들은 건드리지 않겠다고 약속해. 그럼 우주 반지를 어떻게 사용하는지 알려 줄게."

"나쁘지 않은 거래군. 어디 한번 말해 봐."

개구라는 흥미로운 듯 한쪽 입꼬리를 올렸다. 왕재미는 자신의 운명을 걸고 한판 도박에 나서기로 결심했다.

"우주 반지를 지그시 바라봐. 진심을 담아 원하는 것을 빌고 네 힘을 밀어 넣어."

개구라의 비틀린 눈매가 코앞까지 쓱 다가왔다. 개구라는 눈을 가늘게 뜨며 왕재미를 노려보았다. 왕재미의 눈빛은 진지하고 단호했다. 음흉한 눈빛으로 왕재미를 훑던 개구라는 이내 몸을 곧게 세우고 양손을 느긋하게 늘어뜨렸다.

"겔겔겔. 이런 선물 같은 조언을 받게 되다니. 그동안 널 없애지 못한 게 오히려 다행이구나."

개구라는 호탕하게 웃으며 반지 낀 손을 번쩍 들었다. 몸에서 뿜어져 나오는 검은 기운이 반지로 향했다.

"반지여, 세상을 뒤엎고 새로운 질서를 세울 수 있게 허락하소서! 지구의 주인은 바로 이 몸입니다!"

개구라는 풍선처럼 몸을 부풀려 어둡고 거대한 힘을 밀어 넣었다. 개구라의 눈동자는 붉게 빛나고, 손가락 끝은 뜨겁게 달아올랐다. 하지만 반지는 밀려드는 힘을 거부하듯 부르르 진동하더니, 개구라의 손가락을 조이기 시작했다. 당황한 개구라는 반지를 굴복시키기 위해 더 세게 힘을 밀어 넣었다. 역시나 반지는 거부 반응을 일으키며 화산이 분출하듯 폭발적인 충격을 일으켰다.

"흐아악!"

개구라는 비명을 지르며 바닥에 쓰러졌다. 그 틈을 타고 왕재미는 전원 차단 스위치를 향해 빗자루를 힘껏 던졌다.

"혈관을 따라 흐르는 전율. 손끝까지 전해지는 파동. 간지러움이여, 나에게 힘을!"

빗자루는 포물선을 그리며 날아가 스위치에 명중했다.

휘이익, 탕!

개구라는 순식간에 회오리치듯 바닥에 빨려 들어갔다.

"이 치욕은…… 반드시 되갚아 주겠다! 흐아아악!"

개구라가 사라지자 통제실의 모든 잠금 장치가 풀리고 시끄럽던 기계음마저 뚝 끊겼다. 왕재미는 핏빛 얼룩 속에서 간신히 숨을 내쉬는 예반디와 쌍센풍뎅이에게 달려갔다. 목숨을 건진 셋은 서로를 부둥켜안았다.

모든 시스템이 강제로 정지되었다. 다아라는 고장이 난 것처럼 더 이상 움직이지 않았다. 그 바람에 고객들 사이에서는 난리가 났다.

"이게 뭐야? 스피커가 왜 이래?"

"당첨 번호를 알려 준다더니, 이거 순 사기꾼 아냐?"

야매존을 향한 신고가 이어졌다. 곧 경찰서를 포함한 모든 기관에서 다아라의 철수를 지시했다. 업무를 볼 때 인공 지능에게 지나치게 의존하지 말라는 경고문도 긴급히 전달됐다.

왕재미는 지금까지 느낄 수 없었던 새로운 위기를 직감했다.

"개구라가 인공 지능을 이용하고 있구나. 쉽지 않은 싸움이 될 거야······."

왕재미는 천천히 경찰서를 돌아봤다. 수십 개의 모니터가 자신을 감시하는 것처럼 느껴졌다.

## 복권 당첨 번호 예측 서비스, 피해 주의해야…

　돈을 내면 복권 당첨 번호를 알려 준다는 인공 지능 서비스를 이용했다가 환불받지 못하는 사례가 늘고 있다. 사기범들은 일확천금을 얻을 수 있다며 가입을 부추긴 뒤, 갑작스럽게 서비스를 종료하거나 일시적으로 오류가 난 것처럼 속이고 도망간 것으로 알려졌다.

　소비자원은 "당첨 번호 예측 서비스는 과학적 근거가 전혀 없다."며 거짓말에 속지 말아야 한다고 당부했다. 인공 지능에 대한 믿음이 나날이 높아지는 만큼, 인공 지능의 한계를 정확히 구분하는 능력이 필요할 것으로 보인다.

# 성급한 일반화의 오류

인공 지능은 데이터의 형태와 규칙성을 분석해 미래를 예측해. 그래서 기상청이 내일의 날씨를, 경찰청이 교통 상황과 범죄 행동을, 기업이 주식 투자 결과를 내다볼 수 있는 거지. 이 모든 건 인공 지능이 '빅데이터'(big data)라고 불리는 엄청난 양의 데이터를 갖고 있기 때문에 가능한 일이야. 예를 들어 어제와 오늘 날씨만 아는 것보다는 지난주의 날씨, 작년 이맘때의 날씨, 지난 몇십 년 동안의 날씨를 알아야 앞으로의 날씨를 더 잘 예측할 수 있는 원리지.

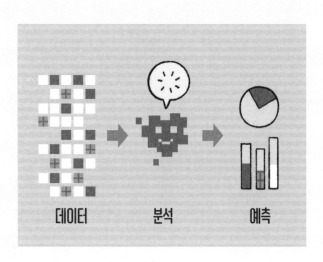

데이터　　　　　분석　　　　　예측

하지만 데이터가 아무리 많아도 그 안에서 규칙과 방향성을 찾을 수 없다면 어떤 결과도 내놓을 수 없어. 그래서 복권 당첨 번호에 관한 자료가 넘쳐나도 말짱 도루묵인 거야. 아마 평생 가도 당첨될 번호를 알아낼 수 없을걸? 복권은 원래 아무런 규칙이 없는 게임이니까.

그런데 황당하신문의 기사를 보면 인공 지능이 '이것도 잘하고 저것도 잘하니, 다른 것도 잘할 것이다'라는 식으로 주장하고 있어. 잘 따져 보지 않고 성급하게 결론을 내린 거지. 이런 경우 '성급한 일반화의 오류'에 빠졌다고 해. 몇 개의 사례를 근거 삼아 과장된 결론을 내린 거야. 예를 들어 '라이어초등학교 5학년 1반 1번, 2번, 3번 학생의 키가 크니까 나머지 학생들도 키가 클 것이다'라고 말하는 것과 비슷해. 하지만 몇 번의 사례를 보고 전체도 그럴 것이라고 추론하는 것은 논리적이지 않아. 성급한 추론에 기대어 내린 결정은 맞을 가능성보다 틀릴 가능성이 높기 때문이지. 이제부터 결론을 내릴 때는 다양한 사례와 충분한 근거를 바탕으로 신중히 판단해야 한다는 것을 기억하자!

# 소셜 로봇의 두 얼굴

    인공 지능 스피커 열풍은 한풀 꺾여 들었다. 하지만 따뜻한 말과 행동으로 마음을 어루만져 주는 인공 지능 소셜 로봇 '틴구'가 등장하자 새로운 변화의 바람이 불기 시작했다. 소셜 로봇과 대화하면 마음을 치유받을 수 있다는 소문이 퍼지면서 병원, 학교, 회사 등에서도 소셜 로봇을 들이기 시작했다. 물론 경찰서도 예외는 아니었다.

    "흠, 또 인공 지능 로봇이군."

    바버리 서장은 신나게 경찰서를 누비는 틴구를 못마땅한 눈빛으로 바라보았다. 왕재미도 서장 옆에 나란히 서서 틴구를 의심스러운 눈으로 바라보았다. 다아라 사건이 벌어진 직후였으니 그럴 만도 했다. 틴구는 그 사실을 아는지 모르는지 천진난만한 표정으로 경찰서를 방문하는 이들을 맞았다.

"안녕하세요? 제 이름은 틴구예요!"

틴구는 순서를 기다리는 시민들이 심심하지 않도록 게임을 하자고 조르기도 했다.

"가만히 앉아 있으니 지루하시죠? 저랑 홀짝 게임 하실래요?"

하필 그 상대가 거북이 할머니인 날에는 게임 한판을 하는 데 한나절이 걸렸지만, 틴구는 절대 불평하는 법이 없었다. 왕재미가 비질을 하며 주변을 알짱거려도, 빙글빙글 바닥을 닦아도, 먼지떨이를 쌍절곤처럼 휘둘러도 상냥한 미소를 잃지 않았다.

"천천히 게임하니까 오히려 더 흥미진진한데요? 다음 판에 뭐가 나올지 기대돼요!"

틴구는 시민들의 시시콜콜한 질문에도 친절히 답했다.

댄스 그룹을 결성할 거예요. 좋은 이름이 없을까요?

뉴쥐스 어떨까요?

넷이서 플루트를 부는 영상을 만들려고 해요. 영상 제목을 지어 주세요.

넷플룻소 어떨까요?

궁금한 게 생기면 언제든 저에게 물어보세요!

틴구는 천사야!

우아, 고마워!

시민들은 틴구의 선행에 마음을 활짝 열었다. 하지만 왕재미는 계속해서 틴구를 예의주시했다.

'틴구는 입력된 데이터를 바탕으로 수많은 대화 유형을 익히고, 상황에 맞게 대답하도록 훈련받았을 거야. 비록 지금은 완벽해 보이지만 언제 돌변할지 모르니 잘 지켜봐야 해……'

왕재미가 팔짱을 낀 채 눈을 가늘게 뜨자 예반디가 고개를 갸우뚱했다.

"아이참, 틴구는 워낙 현명해서 나쁜 일은 하지 않을 거예요. 뭐든지 스스로 배우는 천재잖아요!"

인공 지능을 타고난 천재로 오해한 건 예반디만이 아니었다. 경찰들은 틴구를 완벽한 해결사로 여겼다.

"틴구는 모든 걸 다 아나 봐!"

"맞아, 틴구와 상담했더니 걱정이 싹 사라졌어."

틴구의 인기가 나날이 높아지며 성공을 거두자, 틴구의 새로운 버전인 '떠보구'가 출시되었다. 이 소식은 동영상 플랫폼을 통해 빠르게 퍼졌다.

보아하니 점프하는 걸 좋아하시겠네요. 혹시 최근에 변신술을 부린 적도 있지 않나요?

설마 올챙이에서 맹꽁이로 바뀐 걸 말씀하시는 건가요?

정말 딱딱 맞아요. 소름 돋았어요!

당신은 정의의 용사예요.

세계 평화를 지키려면 악의 무리를 없애러 떠나야 합니다.

어… 어떻게요?

휴대폰에 '호구네피싱' 앱을 설치하세요. 이 앱이 지시를 내려 줄 겁니다.

영상에는 칭찬 가득한 댓글이 끝도 없이 이어졌다.

↳ 우아, 신통방통하다. 다 맞추네.

↳ 역시 인공 지능은 점치는 것도 과학적이야. 대단해.

↳ 나도 당장 상담하러 가야겠다!

↳ 떠보구가 말한 악의 무리는 대체 누구일까?

청소부 셋도 옹기종기 앉아 영상을 봤다.

"내용이 좀 수상하지 않아요?"

왕재미가 의심하자 예반디가 슬쩍 말을 꺼냈다.

"사실 맹꽁이는 제가 자주 보는 채널의 운영자거든요. 구독자 수가 천만이 넘어요. 워낙 유명한 분이시니까 믿을 만하지 않을까요?"

짱센풍뎅이는 턱을 쓰다듬으며 곤란한 표정을 지었다.

"원래 타로 점은 정답이 있는 게 아니잖아요. 잘못된 거라고 따지기도 어렵고 애매하네요. 마치 신이 진짜로 존재하는지 아닌지 대답하기 어려운 것처럼 말이에요."

"아, 듣고 보니 그러네요."

떠보구의 말에 왕재미는 한 발짝 물러설 수밖에 없었다. 어떤 것이 맞고 틀린지 가려내기 모호하고, 잘못이라고 단정 지을 만한 근거도 부족하기 때문이었다. 하지만 왠지 모를 꺼림칙한 기분까지 지울 수는 없었다.

'아무리 봐도 보이스 피싱 사기 수법과 비슷해……'

보이스 피싱(voice phishing)은 상대를 겁주거나 불안하게 만들어 돈이나 중요한 정보를 훔치는 사기 범죄다. 주로 휴대폰에 정체불명의 앱을 깔게 하여 범죄를 저지른다.

'직접 물어봐야겠어. 뭐라고 대답하는지 들어 보자.'

왕재미는 고민 끝에 댓글을 달았다.

  ↳ 타로 점에는 정답이라는 게 없잖아요. 대체 어떤 과학적 원리가 있다는 거죠? 앱은 왜 깔게 하는 거예요?

---

하지만 댓글은 순식간에 삭제되고 말았다.

'어?'

왕재미의 눈이 번쩍했다.

'설마 했는데 조작된 영상이었구나!'

왕재미는 예반디와 쌍센풍뎅이를 불러 다시 한번 댓글을 달아 보았다. 하지만 눈 깜짝할 새에 지워지기는 마찬가지였다.

"역시 아무런 대답도 하지 못하네요. 아무래도 이 영상은 꾸며진 것 같아요. 인공 지능은 기존에 학습한 내용에 따라 정해진 상담을 할 수는 있지만, 점을 보는 것처럼 주관적인 생각이나 가치 판단이 필요한 일은 할 수 없으니까요."

상황이 분명해지자 예반디와 쌍센풍뎅이의 얼굴에 긴장감이 스쳤다.

"세상에…… 이번에는 진짜일 줄 알았는데……."

"그렇다면 이것도 개구라의 짓이겠죠?"

왕재미는 턱을 매만지며 진지하게 말했다.

"그런 것 같아요. 누군가를 쥐락펴락하는 수법은 개구라가 늘 써 왔던 방식이잖아요. 퍼뜨린 앱으로 또 어떤 나쁜 짓을 저지를지 몰라요."

셋은 남은 영상을 확인하며 스크롤을 내렸다. 그러다 '공개될 영상' 목록을 보고 심장이 쿵 내려앉았다.

## – 다음 공개 영상 –
### 악의 무리, 곤충에 대하여.

"우리를 공격하려는 속셈인가 봐요."

예반디가 입술을 떨며 초조하게 말했다. 짱센풍뎅이는 단단히 마음을 먹은 듯 앞치마를 동여맸다.

"일이 커지기 전에 지금 당장 떠보구를 찾으러 가요!"

예반디도 짱센풍뎅이를 따라 앞치마 끈을 단단히 묶었다. 하지만 왕재미는 고개를 내저었다.

"이번에는 저 혼자 다녀올게요. 두 분은 아직 상처가 낫지도 않았잖아요."

"하지만……."

예반디와 짱센풍뎅이 멈칫하며 말을 잇지 못했다. 지난 사건 이후 예반디는 한쪽 팔을 가누지 못했고, 짱센풍뎅이

는 걸음을 절뚝거렸다. 만에 하나 약해진 상태로 개구라에
게 잡힌다면 상황이 더 위험해질 게 뻔했다.

"그래도 같이 가면 안 될까요? 저희가 할 수 있는 게 없
을까요?"

"아니에요, 여기 계세요. 저를 위해 주는 동료가 있다는
것만으로도 힘이 돼요."

왕재미는 두 친구의 어깨를 위로하듯 두드려 주었다. 같이 가겠다고 우기던 예반디와 짱센풍뎅이는 결국 시간 차를 두고 뒤따라오기로 했다. 왕재미는 경찰서를 떠나 성큼성큼 길을 나섰다.

시내에 들어서자 영상에서 본 타로 가게가 나타났다. 작은 출입문 위에는 빛바랜 간판이 걸려 있었고, 창문은 짙은 커튼으로 가려져 안이 보이지 않았다.

끼이익.

문을 여니 컴컴하고 음침한 기운이 몸을 훅 감쌌다. 마른 허브 향이 섞인 알싸하고 쌉쌀한 냄새가 숨을 타고 들어와 머리가 몽롱했다. 마치 현실이 아닌 낯선 세계에 들어온 느낌이었다.

"당신이 오길 기다리고 있었습니다."

어둠 속에서 두 개의 눈이 번쩍했다. 떠보구였다. 왕재미는 손에 든 빗자루를 꽉 쥐었다. 떠보구는 비밀을 나누듯 낮은 목소리로 속삭였다.

"원래 모습으로 돌아가고 싶지 않나요? 우주선을 타고 은하를 누비던 때로 말입니다. 그때 보았던 별들이 참 아름다웠잖아요……."

떠보구가 수정 구슬을 부드럽게 쓰다듬자 구슬에 왕재미의 과거가 선명하게 비춰 보였다. 지구에 떨어져 개미로 변한 장면에서부터, 우정을 나누는 친구를 만들고, 개구라의 부하들과 맞서는 모습까지 고스란히 담겨 있었다. 왕재미는 말문이 턱 막혔다.

"네, 네가 이걸 어떻게……."

"저는 다 알 수 있습니다. 우주 경찰 총장이었던 당신이 어떤 우여곡절을 겪어 왔는지, 이 행성에서 어떻게 살아가고 있는지, 당신의 미래는 어떻게 될지까지 말입니다. 다시 소중한 물건을 되찾고 싶지 않나요?"

왕재미는 개구라에게 빼앗긴 우주 반지를 떠올렸다. 간절히 바랐던 만큼 꼭 돌려받고 싶었다. 떠보구는 왕재미의

마음을 꿰뚫어 보듯 말했다.

"반지를 찾을 수 있습니다. 제가 도와드릴까요?"

하지만 왕재미는 빗자루를 들어 올리며 날카로운 눈빛을 보냈다.

"믿을 수 없어. 넌 반지가 어디에 있는지 모르잖아!"

"아니요, 전 알고 있습니다."

떠보구는 수정 구슬에 개구라의 동굴로 이어지는 숲길을 비춰 보였다.

"반지는 가까이 있습니다. 우주선이 추락했던 들판 근처니까요."

왕재미는 울분을 토하듯 소리쳤다.

"거짓말하지 마! 거기는 내가 수백, 수천 번도 더 확인해 본 곳이야. 개구라의 동굴은 그곳에 없었어!"

떠보구의 표정은 무미건조했다.

"아니요. 그곳이 맞아요. 그저 당신이 알아보지 못한 것뿐이죠."

"내, 내가 못 찾은 거라고?"

왕재미는 가슴이 먹먹하고 머릿속이 하얘지는 것 같았다. 떠보구는 왕재미에게 부드럽게 손짓했다.

"구슬을 자세히 보고 싶으면 가까이 오세요."

구슬에는 꿈에서 본 숲의 모습이 일렁였다. 왕재미는 자석에 이끌리듯 떠보구에게 천천히 걸어갔다.

"더 가까이 와 보세요. 좀 더 가까이."

떠보구는 계속해서 손짓하며 나지막이 속삭였다.

"반지를 찾아서 최고의 권력자로 돌아가게 해 드릴게요. 비참한 삶은 곧 끝날 겁니다."

왕재미는 떠보구의 말을 따라 중얼거렸다.

"반지를 찾아서…… 최고의 권력자, 비참한 삶……. 어?"

왕재미가 반지를 되찾고 본래 모습으로 돌아가려는 건 권력을 잡기 위해서가 아니었다. 우주 경찰 총장으로서 책임을 다하고 자신을 기다리고 있을 시민들을 보호하기 위해서였다. 게다가 왕재미는 자기 삶이 비참하다고 생각하지 않았다. 모습이 변해 버린 지금도 자신이 얼마나 가치 있는 존재인지 분명히 알고 있었다.

정신이 퍼뜩 들자 윙윙거리는 기계음이 들렸다. 구슬에 살짝 손이 닿는 순간 찌릿한 전류가 느껴졌다. 구슬은 컴퓨터와 연결된 모니터였다. 떠보구는 빼돌린 개인 정보를 이용해 점을 보는 척 했던 것이다!

'난 또다시 속지 않아!'

왕재미는 빗자루를 번쩍 들어 검을 휘두르듯 구슬을 내리쳤다. 구슬이 산산조각 나며 벼락이 친 것 같은 강한 전기가 흘렀다. 떠보구의 몸통은 감전된 것처럼 덜덜 떨리고 눈알이 빙글빙글 돌았다.

"혈관을 따라 흐르는 전율. 손끝에 전해지는 파동. 간지럼이여, 나에게 위대한 힘을!"

왕재미가 주문을 외치자 빗자루에서 눈부신 빛이 퍼져 나왔다. 그와 동시에 어둠 속에 가려졌던 대형 모니터가 켜졌다. 지지직거리는 흑백 화면 틈으로 시민들의 프로필이 스쳐 지나갔다. 프로필에는 이름, 나이, 사는 곳, 사진 등의 개인 정보가 가득 차 있었다. 망가진 떠보구는 귀신이 씐 것처럼 팔다리를 꺾으며 제멋대로 움직이더니 발악하듯 왕재미에게 달려들었다.

"넌 빠져나갈 수 없어. 나와 함께 가자!"

왕재미는 "악!" 소리를 지르며 문 쪽으로 달아났다. 떠보구는 물귀신처럼 왕재미를 끌어안으려 했다. 하지만 뒤늦게 따라온 예반디와 짱센풍뎅이가 타로 가게에 들이닥쳤다. 둘은 청소 도구를 휘둘러 떠보구를 넘어뜨렸다.

"얼른 나가요!"

왕재미와 친구들은 가까스로 문밖으로 빠져나왔다. 짱센풍뎅이는 문을 꽉 닫고 열리지 못하도록 몸을 기대어 막아 주었다. 예반디는 덜덜 떠는 왕재미를 끌어안았다.

"괜찮아요. 괜찮아……."

뒤이어 신고를 받고 온 경찰이 찾아왔다. 깨진 구슬과 대형 모니터를 확인한 경찰들은 할 말을 잃어버렸다.

"설, 설마……."

"다 꾸며진 거였어?"

떠보구의 실체는 만천하에 알려졌다.

## 인공 지능 점술가, 거짓으로 알려져…

인공 지능 점술가로 알려 진 떠보구가 불법으로 빼낸 개인 정보로 점을 본 사실이 드러났다. 인터넷에 해킹 앱 을 퍼뜨려 컴퓨터와 휴대폰 에 저장된 사진과 영상을 털 어 낸 것이다. 떠보구를 믿고 거액의 돈을 맡겼던 시민들

은 충격에 휩싸였다. 예상되는 피해액은 수억 원에 이른다.

전문가들은 '인공 지능을 통해 불법적인 감시 활동이 이 뤄질 수 있다'고 경고했다. 특히 새로운 앱을 설치할 때 '사 진, 주소록, 카메라 접근을 허용하시겠습니까?'와 같은 문 구를 조심해야 한다고 조언했다. 개인 정보 접근 권한을 허 용하면 앱 사업자가 사용자의 정보를 수집할 수 있기 때문 이다.

진실이 낱낱이 밝혀지자 왕재미는 가슴을 쓸어내렸다. 하지만 개구라가 꾸밀 일들이 점점 더 무서워졌다. 왕재미는 혹시나 하는 마음에 깊은 밤까지 반지를 찾아 숲길을 헤맸다.

'개구라는 어떻게 됐을까? 떠보구의 말은 거짓이었을까⋯⋯.'

왕재미는 별이 총총 빛나는 밤하늘을 올려다봤다. 가깝게 느껴졌던 우주가 자꾸만 멀어지는 것 같았다.

# 무지에 호소하는 오류

우리는 흔히 인공 지능이 '생각'할 수 있다고 여겨. 그런데 생각이란 무엇일까? 사람이 아닌 인공 지능도 '생각'한다고 말할 수 있을까? 이건 참 모호한 문제야. 생각을 어떻게 정의하느냐에 따라 대답이 달라질 수밖에 없어.

그렇다면 생각이 아닌 '감정'은 어떨까? 현재의 인공 지능은 확실히 감정이 없어. 설계된 방식대로 인간이 표현하는 감정에 반응할 뿐, 인공 지능은 그 어떤 일에도 기뻐하거나 슬퍼하지 않아. 인공 지능 그 자체로는 선하지도, 악하지도 않지. 인공 지능은 의지가 없기 때문에 개인적인 신념이나 주관이 담긴 결정을 할 수 없어. 그래서 타로 점으로 개인의 운명을 내다보는 것도 불가능해. 인공 지능은 그저 학습한 대로 행동할 뿐이니까.

한편 떠보구는 '타로 점이 거짓이라는 걸 증명할 수 없으니 타로 점은 진짜다'라고 주장했어. 하지만 타로 점이 진짜인지 아닌지는 아무도 몰라. 이건 마치 신이 진짜로 존재하는지, 외계인이 진짜로 존재하는지 묻는 것과 비슷해. 결론은 아무도 모른다는 거야.

　떠보구는 '무지에 호소하는 오류'를 저질렀어. 거짓이라는 걸 증명할 수 없다는 이유만으로 자신의 말이 진짜라고 주장했으니까. 이런 논리라면 목성 주변을 도는 모자가 존재한다고 주장할 수도 있을 거야. 모자가 없다는 증거가 없으니까 있다고 믿어야 하지 않겠어? 어떤 주장이 진실이라는 결론을 얻으려면 그 진실을 뒷받침할 근거를 제시해야 해.

생각해 보면 세상에는 참과 거짓을 확실하게 구분할 수 없는 일들이 꽤 많아. 그렇기에 어떤 것이 참인지 거짓인지 확실하게 알지 못할 때는 섣불리 단정 짓지 않는 게 좋아. 하지만 그보다 더 나은 방법은 충분한 근거를 제시하기 위해 지식을 쌓는 것이겠지?

# 천사 개구라의 실체는?

우두둑거리며 손가락을 꺾는 소리가 고막을 두드렸다. 우주 반지를 낀 개구라의 손가락은 불에 그을린 나무 막대기처럼 검붉었다. 억지로 자신의 힘을 밀어 넣어 우주 반지를 거스른 대가였다. 상처를 회복하는 동안은 쥐 죽은 듯 숨어 지내야 했지만 개구라는 결코 무너지지 않았다. 여전히 단단한 모습 그대로였다.

"두려워 말거라. 네가 필요해 불렀느니라."

개구라 앞에 선 맹꽁이는 머리를 땅에 박은 채 다리를 후들거렸다.

"살려만 주십시오! 죽을 힘을 다해 싸우겠습니다."

개구라는 가소롭다는 듯 한쪽 입꼬리를 올렸다.

"너의 그 약해 빠진 몸뚱이로 뭘 할 수 있겠느냐. 넌 그저 나의 모습을 영상에 담기만 하면 돼."

개구라가 손가락을 빙빙 돌리자 맹꽁이 주머니에 있던 촬영용 카메라가 스르르 빠져나왔다. 맹꽁이는 공중에 둥실 떠오른 카메라를 간신히 붙잡았다.

"자, 이제 다시 시작해 볼까?"

개구라는 의자에서 벌떡 일어나 무엇이든 한 방에 으스러뜨리겠다는 기세로 주먹을 꽉 쥐었다.

"위선으로 가득 찬 만물의 기운이여, 내게로 오라!"

우주 반지에서 섬광이 번쩍하며 강렬한 빛이 터져 나왔다. 부하들은 쏟아지는 빛줄기에 탄성을 내뱉었다. 빛이 잦아들자 으리으리한 가운을 입은 개구라의 모습이 서서히 드러났다. 개구라는 값비싼 보석을 휘감아 화려하게 반짝였다. 부하들은 개구라를 찬양하며 무릎을 꿇었다.

"오오! 위대한 개구라님이시여!"

개구라는 손을 높이 들며 외쳤다.

"세계를 제패할 자. 그건 바로 나, 개구라다!"

우레와 같은 환호가 쏟아졌다. 카메라에 담긴 개구라의
모습은 하늘 위의 천사처럼 근엄하게 빛났다. 하지만 녹화
표시등이 꺼지는 순간, 개구라는 차갑고 잔혹한 눈빛으로

카메라를 노려봤다. 개구라의 얼굴은 가면이 벗겨지듯 공포스럽게 뒤틀렸다. 부하들은 변해 가는 개구라의 표정에 섬뜩함을 느꼈다.

누구도 막지 못할 개구라의 사기극이 시작되었다.

"흥, 센 척해 봤자 소용없을걸?"

왕재미는 책상에 붙어 있던 초강력 끈적이를 단박에 떼어 냈다. 곁에서 지켜보던 예반디와 쌍센풍뎅이는 왕재미의 청소 실력에 손뼉을 쳤다.

"대단해요!"

"청소의 신이라고 불러야겠어요!"

왕재미는 어깨를 활짝 펴고 하하 웃음 지었다.

"별말씀을요. 여러 번 하다 보니까 기술이 느네요. 역시 청소는 힘보다 요령이 중요해요!"

비록 청소는 누구나 할 수 있는 간단한 일로 여겨지고는

하지만, 왕재미는 자신이 맡은 일에 대한 자부심이 있었다. 어떤 처지에 놓이든 왕재미의 성실함은 자신만의 빛을 만들어 냈다.

"이제 차 한잔하면서 쉴까요?"

예반디의 제안에 왕재미는 짱센풍뎅이와 함께 휴게실로 자리를 옮겼다. 조용하던 휴게실은 물 끓는 소리, 잔잔한 웃음소리, 달그락거리는 컵 소리로 채워졌다. 왕재미는 푹신한 소파에 기대앉아 남몰래 긴 한숨을 내쉬었다. 겉으로는 웃는 얼굴을 하고 있었지만, 사실은 매 순간 긴장을 내려놓을 수 없었다. 머릿속은 온통 사라진 개구라에 대한 생각으로 가득했다.

"왕재미 님, 차갑게 드실래요, 따뜻하게 드실래요? 왕재미 님? 왕재미 님!"

잠시 생각에 잠겨 있던 왕재미는 예반디의 물음에 화들짝 놀랐다.

"네? 뭐라고 하셨죠?"

짱센풍뎅이는 왕재미를 걱정스럽게 돌아보았다.

"아까 너무 무리하게 일한 거 아니에요? 괜찮아요?"

"아니요. 그냥 좀 생각할 게 있어요. 별거 아니에요. 저는 따뜻하게 마실게요!"

왕재미는 잡생각을 떨쳐 버리기 위해 머리를 흔들었다. 하지만 한번 피어오른 불안감은 쉽게 가시지 않았다.

'개구라는 어떻게 됐을까……. 그때 이후로 마력이 약해지지 않았다면, 수단과 방법을 가리지 않고 내게 복수하려 들 거야…….'

복잡한 왕재미의 심정과 달리 경찰서에는 여유가 가득했다. 서장실에 콕 박혀 일만 하던 바버리 서장은 오랜만에 밖으로 나와 사무실 구석구석을 정비했다. 보안 장치가 잘 작동하는지, 업무에 필요한 물품들이 잘 갖춰져 있는지 등을 꼼꼼히 살피기도 했다. 심지어 낡은 현상 수배 전단도 새것으로 직접 교체했다.

왕재미는 말끔해진 사무실 풍경을 보며 마음을 편안하게 내려놓으려고 애썼다. 하지만 달라진 새 수배 전단을 보는 순간, 기절초풍해 넘어질 뻔했다.

# 현 상 숭 배

개구라 님을
숭배합시다!

# 현 상 수 배

죄명: 폭행죄
특이점 : 병아리를 무서워함.

# 현 상 수 배

죄명: 심장 절도죄
특이점 : 귀여움

'아니, 개구라가 천사라고? 이런 거짓말을 누가 믿어?'

왕재미는 부들부들 떨리는 손으로 전단지를 들고 바버리 서장에게 물었다.

"서장님, 이게 대체 무슨 말인가요?"

어쩐 일인지 바버리 서장은 아무렇지 않아 보였다.

"아, 이거요. 아직 그 영상 안 봤나요? SNS에 '천사 개구라'라고 검색해 보세요. 댓글을 보면 지금까지 우리가 어떤 오해를 하고 있었는지 알 수 있을 거예요."

↳ 개구라가 사실은 천사였다며? 이전에 개구라가 꼬랑내19도 예언했다고 하지 않았나?

↳ 맞음. 어디선가 그렇게 들은 거 같음. 병도 치료해 준다고 함.

↳ 요즘 범죄가 줄어든 것도 개구라 덕분이라던데.

↳ 사기꾼인 줄 알았더니 영웅이네.

↳ 잠깐만! 천사는 대재앙이 일어날 때 나타나는 거 아닌가? 이제 재앙이 닥치는 건가?

곧이어 서장은 개구라와 관련된 인기 동영상을 틀었다.

영상이 인터넷을 뜨겁게 달구자 개구라에게 미래를 내다보는 능력이 있다는 둥, 상처를 낫게 하는 능력이 있다는 둥의 헛소문이 떠돌았다. 개구리 부하들은 조직적으로 나서서 인터뷰에 응했다.

 천사는 반드시 존재합니다. 그 누구도 천사가 없다는 것을 증명하지 못하기 때문입니다.

'천사 개구라' 영상은 조회 수는 천만 건을 넘었고 수천 건의 '좋아요'를 받았습니다. 이미 수많은 이들이 개구라 님을 천사로 인정했습니다.

개구라 님은 사기꾼으로 몰리는 치욕을 겪었지만 결국 모든 어려움을 이겨 내셨습니다. 개구라 님을 향한 비난은 모함입니다.

"믿을 수 없어……."

왕재미는 흥분하지 않기 위해 마음을 다잡았다. 감정이 앞설수록 판단력이 약해지기 때문이다.

'영상 속에 숨은 허점을 잡아내야 해. 무엇이 잘못됐는지 하나하나 정리해 보자.'

왕재미는 SNS 영상부터 꼼꼼히 돌려보기 시작했다. 예반디와 짱셴퐁뎅이도 눈을 크게 뜨고 영상을 살폈다. 역시나 영상 초반부터 이상한 점이 한둘이 아니었다.

"노잼 문학상 수상자?"

왕재미는 고개를 갸웃했다. 짱셴퐁뎅이도 어깨를 으쓱했다. 노잼 문학상에 관해 들어보지 못했기 때문이었다. 예반디는 생각이 반짝 떠오른 듯 말했다.

"혹시 노잼 아니고 노벨 아닐까요?"

짱셴퐁뎅이는 깨달았다는 듯 손가락을 튕겼다.

"아하, 비슷한 단어로 바꿔치기한 거네요!"

노잼 문학상은 노벨 문학상과 착각하도록 만든 가짜 이름이었다. 왕재미는 예리하게 덧붙여 말했다.

"두꺼비가 연구한 뺑GPT 분석 결과도 믿을 수 없어요. 얼룩말의 줄무늬는 바코드와는 완전히 다르니까요."

예반디와 짱셴퐁뎅이는 바코드와 얼룩말 무늬를 번갈

 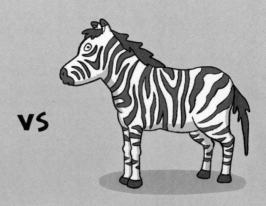

아 보며 물었다.

"정확히 어떻게 다르다는 거예요?"

"바코드는 정해진 규칙에 따라 선의 간격과 두께를 조
절하여 특정한 정보를 전달해요. 하지만 얼룩말의 줄무늬
는 어떤 메시지를 전달하려고 만들어진 게 아니죠. 그저
자연스러운 진화의 결과예요."

왕재미의 말처럼 영상은 거짓투성이였다. 하지만 두꺼
비와 맹꽁이는 뺑GPT의 우수성을 광고하며 시청자들의
마음을 흔들었다.

"개구라는 천사다!"

"개구라 만세!"

왕재미는 지금까지와는 차원이 다른 위기가 다가왔음을 직감했다.

'인공 지능은 우리를 돕기 위해 만들어졌어. 하지만 인공 지능이 시키는 대로만 따르면, 우리 스스로 생각하는 능력을 잃을지도 몰라. 인공 지능이 아무리 빠르고 똑똑하다고 해도 결국 인공 지능은 도구일 뿐, 삶의 주인은 나 자신이니까……..'

고민하는 사이, 바버리 서장이 급히 회의를 열었다.

"긴급 사건입니다. 모두 회의실로 모이세요!"

왕재미와 친구들은 서장을 따라 살금살금 회의실로 향했다. 그런데 서장이 갑자기 휙 돌아서더니 곤충들에게 성큼 다가왔다.

"잠시 드릴 말씀이 있어요."

왕재미는 평소와 다른 서장의 행동에 바짝 긴장됐다.

'설마 그동안 회의를 엿들은 걸 눈치챈 걸까?'

예반디와 짱센풍뎅이도 가슴이 콩닥콩닥했다. 하지만 서장은 화가 난 얼굴이 아닌 미안한 얼굴이었다.

"전국의 경찰서에 청소 로봇이 배치되고 있어요. 저희 쪽에도 내일 로봇이 도착할 거예요. 그러니까 제 말은…… 이제부터 경찰서로 출근하지 않으셔도 될 것 같아요."

"아니, 그게 무슨 말씀이세요? 저희가 잘못 들은 거죠?"

청소부들은 서장의 말을 믿을 수 없었다. 서장은 미안해서 어쩔 줄 몰라 했다.

"저도 어떻게 된 상황인지 잘 모르겠네요. 윗선에서 갑작스럽게 내려온 명령이라서요."

"위에서 내려온 명령이라고요?"

왕재미의 물음에 서장은 허탈하게 고개를 숙였다.

"네……. 몇 번이나 강력히 항의했는데…… 끄떡하지 않더라고요. 그동안 열심히 해 주셨지만 사정이 이렇게 되어 무척 유감이에요. 부끄럽고 면목이 없습니다……."

서장의 목소리에서 직원들을 지켜 주지 못했다는 죄책감이 묻어났다. 싸워야 할 상대는 서장이 아니라 그 뒤에

숨은 거대한 세력일 것이다. 청소부들은 그들을 찾아 기꺼이 맞서리라 다짐했다.

뒤늦게 소식을 알게 된 경찰들은 큰 충격에 빠졌다. 그동안 경찰서의 구석구석을 깨끗하게 해 준 청소부들의 노력을 잘 알고 있었기 때문에, 경찰서를 떠난다는 사실을 받아들이기 어려워했다.

"다들 성실했는데……. 정말 아쉬워."

"뭔가 잘못된 것 같아. 일의 가치는 단순히 얼마나 효율적인지로만 정해지는 걸까? 우리의 존엄성이 그렇게 쉽게 무시당해도 되는 걸까?"

"그러게. 우리는 단순히 일자리를 잃게 되는 걸까, 아니면 더 중요한 무언가를 빼앗기고 있는 걸까……."

경찰서 내의 분위기는 숙연해졌다. 경찰들은 곤충들과 마지막 인사를 나누기 위해 하나둘씩 모여들었다. 경찰들의 얼굴에는 깊은 아쉬움이 묻어 있었다.

"정말 그동안 고생 많으셨어요. 저희도 그리울 거예요."

경찰들은 곤충들을 향해 손을 흔들었다. 곤충들은 눈물

이 터져 나올 것 같았지만, 다시 만날 날을 약속하며 씩씩

하게 돌아섰다. 멀어져 가는 청소부들의 뒷모습이 한동안

경찰들의 눈앞을 떠나지 않았다.

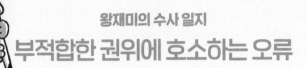

# 부적합한 권위에 호소하는 오류

우리가 아무리 열심히 노력해도 지식 대결에서 인공 지능을 이기기는 어려울 거야. 하지만 그렇다고 해서 인공 지능이 내놓는 대답이 항상 옳은 건 아니야. 챗GPT 같은 생성형 인공 지능은 통계적으로 결과를 내기 때문에 틀린 답을 말할 수 있거든. 그러니까 인공 지능의 말이 옳은지 그른지 비판적으로 판단하는 능력이 중요해.

자, 그럼 생각해 보자. '인공 지능이 얼룩말의 줄무늬가 바코드였다는 걸 발견했다'는 주장은 어떻게 받아들여야 할까? 이것이 진실인지 거짓인지 판단하려면 얼룩말의 줄무늬가 어떻게 생기는지, 특정한 의미를 담고 있는지부터 생각해 보아야 해.

얼룩말 줄무늬는 진화에 의한 자연적인 결과야. 줄무늬가 생긴 이유는 아직 정확히 밝혀지지 않았어. 하지만 몇 가지 장점이 있을 거라고 생각해 볼 수 있지. 예를 들어 얼룩말은 떼를 지어 움직이는데, 줄무늬 덕분에 포식자를 혼란스럽게 할 수 있어. 조금씩 무늬가 다르기 때문에 서로를 구분해 알아보기도 수월하지. 여기에 과학자가 아닌 유명인

을 내세워 엉터리 주장을 펼치는 건 '부적합한 권위에 호소
하는 오류'라고 볼 수 있어.

　광고에서도 마찬가지로 인기 연예인이나 스포츠 스타가
출연하여 특정 상품을 홍보하는 경우가 많아. 그들의 매력
과 명성을 광고에 이용하려는 것이지. 하지만 대부분의 광
고 모델은 상품의 전문가가 아니야. 우리와 똑같이 상품을
사용하는 소비자일 뿐이지. 이때도 '부적합한 권위에 호소
하는 오류'가 들어 있는 셈이야.

　개인이 모든 주제에 대해 탁월한 전문가일 수는 없어. 자
신이 잘 모르는 분야에 관해 공부하려면 전문가의 의견을
찾아보아야 하지. 이때도 우리는 누가 어떤 분야에 관한 전
문가인지 꼼꼼하게 따져 보아야겠지?

# 인공 지능과 지구 최후의 날

경찰서를 나온 왕재미와 친구들은 쓸쓸히 청소용 앞치마를 벗었다. 하지만 개구라를 쫓아야 한다는 책임감마저져 버리지는 않았다.

"개구라가 어디에 있는지 알아봐야 할 텐데…… 어디로 갈까요?"

예반디가 묻자 왕재미는 결심한 듯 한발 앞으로 나서며 말했다.

"저는 반지를 뺏겼던 숲에 다시 가 볼게요. 거기 어딘가에 개구라가 숨어 있을 것 같아요."

예반디와 짱센풍뎅이는 순간 어리둥절한 표정을 지었다. 그곳에 개구라의 동굴이 없다는 걸 이미 여러 차례 확인했던 터라 놀랄 수밖에 없었다.

"아니…… 개구라가 거기에 있다고요?"

왕재미는 작게 한숨을 내쉬며 고민을 털어놓았다.

"확신은 없어요. 바보 같지만 이전에 떠보구가 했던 말이 마음에 걸려서요. 제가 못 보고 지나친 것뿐이라고 했거든요."

예반디와 짱센풍뎅이는 그제야 왜 왕재미가 종종 근심에 잠기곤 했는지 이해할 수 있었다.

"그렇다면 당연히 가야죠! 어려운 일도 아닌걸요."

"함께 찾으면 보이지 않던 것도 보일지 몰라요."

두 친구의 격려에 왕재미의 얼굴이 환해졌다. 셋은 손을 잡고 발걸음을 옮겼다. 의지를 모은 곤충들의 발걸음은 힘차고 경쾌했다. 뒤에서 셋을 지켜보는 그림자 하나가 소리소문 없이 드리운 줄도 몰랐다.

"아, 이런. 여기도 아니네……."

왕재미는 허탈하게 발길을 돌렸다. 우주 반지를 빼앗겼던 날의 흐릿한 기억에 의지하다 보니 여간 헷갈리는 게 아니었다.

짱센풍뎅이는 다른 길이 없나 싶어 이곳저곳을 두리번거렸다. 하지만 어쩐지 몇 번째 같은 길을 빙빙 도는 느낌이었다. 그때, 어디선가 쿵쿵대는 발소리가 들렸다. 왕재미는 긴장하며 빗자루를 꽉 쥐었다.

'누구지?'

발소리는 점점 가까워지더니 길쭉한 그림자가 드리웠다. 왕재미는 침을 꿀꺽 삼키며 뒤를 돌아보았다.

"아니? 당신이 여길 어떻게……."

왕재미를 찾아온 동물은 탈옥한 치타였다. 왕재미는 눈을 비비고 다시 봤다. 아무리 봐도 치타가 맞았다. 치타는 한껏 야윈 얼굴로 비틀거리며 걷고 있었다. 왕재미는 치타를 경계하며 빗자루를 높이 들었다.

"위협해 봤자 소용없어요!"

놀랍게도 치타는 조용히 두 손을 들어 항복 자세를 취했다. 자세히 보니 몸은 상처투성이에다가 옷은 해져서 너덜거렸고, 오랫동안 씻지 못해 덕지덕지 때가 끼어 있었다. 왕재미는 빗자루를 내리고 조심스럽게 물었다.

"괜찮으세요?"

치타는 말없이 눈물을 주르륵 흘렸다. 왕재미는 꿈에서

보았던 장면들이 그저 꿈에 지나지 않았다는 걸 확신할 수

있었다.

"이걸 먹으면 힘이 날 거예요."

왕재미는 비상으로 챙겨 온 물과 작은 각설탕을 치타에

게 건네주었다. 예반디와 짱센풍뎅이는 급한 대로 상처를

치료할 수 있는 나뭇잎을 구해 왔다. 입을 꾹 닫고 있던 치

타는 물을 한 모금 마신 뒤 어렵게 입을 열었다.

"목숨을 걸고 감옥에서 탈출했건만 개구라에게 이용만 당한 채 버려졌어. 가까스로 목숨은 건졌지만 갈 데가 없어. 난 이제 어떡하지⋯⋯."

왕재미는 이러지도 저러지도 못 하는 치타의 처지를 이해했다. 경찰에게 도움을 요청한다 한들 아무도 탈옥한 치타의 말을 믿어 주지 않을 것이다.

"개구라의 동굴이 여기 있는 거 맞죠? 사실대로 말씀해 주세요."

치타는 힘없이 고개를 끄덕였다. 왕재미는 가슴이 쿵쿵 뛰었다.

"남은 방법은 딱 하나예요. 저희에게 동굴로 가는 길을 알려 주세요."

치타는 한숨을 쉬며 고개를 내저었다.

"상대는 개구라야. 우주 반지를 손에 넣은 개구라라고⋯⋯."

개구라에 비하면 곤충 셋은 보잘것없이 하찮았다. 하지

만 힘이란 물리적인 힘만을 가리키지 않는다. 따뜻한 배려로 상대의 마음을 움직이는 힘, 어려운 상황에서도 항상 긍정적으로 생각하는 힘, 자신을 믿고 끝까지 나아가는 힘, 위험에 빠진 동료를 위해 희생을 마다하지 않는 힘은 때때로 물리적 힘보다도 강했다.

"이래 봬도 곤충들도 뭉치면 강하거든요! 저희를 믿어 주세요."

왕재미는 주먹을 불끈 쥐었다. 반짝이는 눈빛에서 단단한 의지가 전해졌다. 예반디와 짱센풍뎅이의 표정도 확고했다. 치타는 고민에 빠져 머뭇거렸다.

"하……."

하늘을 올려다보는 치타의 눈동자가 잠시 흔들렸다. 하지만 이내 결심이 선 듯 치타는 나뭇가지를 주워 땅에 지도를 그렸다.

"어둡고 축축한 북쪽 길을 따라가. 혹시 막다른 곳에 다다르더라도 멈추지 마. 이 숲의 나무는 살아 움직이거든. 길인 끊긴 것처럼 보여도 막상 발을 내디디면 우거진 나뭇가지가 일어서면서 새로운 길이 생길 거야. 바로 그 길의 끝에 동굴이 있어."

왕재미는 그제야 지금까지 왜 개구라의 동굴을 찾지 못했는지 깨달았다. 막다른 길인 줄 알고 돌아서는 순간, 미로에 갇힌 것처럼 왔던 길을 뱅뱅 맴돌게 되었던 것이다.

셋은 치타의 설명을 듣고 자리에서 일어났다. 결전의 순간이 머지않았음을 느꼈다.

두 대의 카메라가 개구라의 동굴을 비췄다. 맹꽁이와 두꺼비가 카메라를 들고 라이브 영상을 촬영하는 중이었다.

바닥에 길게 깔린 레드 카펫의 양쪽에는 흰 가운을 입은 부하들이 보였다. 카펫의 끝에는 반짝이는 망토를 두르고 의자에 앉아 있는 개구라가 있었다. 카메라는 개구라의 모습을 크게 확대했다. 개구라는 자리에서 일어나 외쳤다.

"때가 왔노라! 재앙의 구렁텅이에서 너희를 구하러 내

가 왔다!"

개구라가 한쪽 팔을 치켜들자 사방에서 꽃잎이 떨어져 내렸다. 동굴 한쪽에 설치된 대형 모니터에는 영상을 시청하는 시민들의 모습이 실시간으로 재생됐다. 전국 각지에서 모인 수만 명의 시민들은 땅에 엎드려 개구라를 찬양했다. 개구라는 다시 정면을 바라보며 발걸음을 내디뎠다.

"곧 지구 최후의 날이 다가올 것이다! 하지만 선택된 자들이여, 두려워 말라. 믿고 기다리면 구원받을 것이다!"

모니터 너머로 만세를 외치는 뜨거운 함성이 울렸다. 함성은 모니터를 뚫고 나올 듯 강렬했다. 개구라가 스르르 물러나자 발밑에서부터 신비로운 하얀 연기가 일렁였다. 곧이어 카메라 화면이 연기로 뒤덮이며 촬영이 종료됐다.

"수고하셨나이다. 위대한 개구라시여, 이제 당신의 세상이 왔습니다!"

"드디어 뜻을 이루신 걸 축하드리옵니다."

맹꽁이와 두꺼비가 머리를 조아리며 알랑거렸다. 하지만 개구라는 기뻐하기는커녕 한쪽 눈썹을 치켜올렸다.

"고작 몇만 명을 꾀어낸 것에 만족할 거라고 생각했느냐?"

맹꽁이와 두꺼비는 뒤늦게 아차 싶었다.

"아, 아니. 저희는 그런 뜻이 아니라……."

"보아하니 너희는 아직 나의 능력을 믿지 못하는 모양이로구나."

개구라가 손가락을 튕기자 카펫 위에 떨어져 있던 꽃잎들이 화르르 타올랐다. 맹꽁이와 두꺼비는 옷에 옮겨붙은 불씨를 끄기 위해 제자리에서 펄쩍펄쩍 뛰었다.

"으아악, 으아아악!"

맹꽁이와 두꺼비는 꽥꽥거리며 뒤로 자빠졌다. 뒤에서 이 모습을 지켜보던 부하들은 마른침을 삼키며 슬금슬금 물러섰다. 개구라가 다시 한번 손가락을 튕기자 불길이 잦아들었다. 맹꽁이와 두꺼비는 이마가 땅에 닿도록 절했다.

"용서하시옵소서. 충성을 다하겠나이다! 분부만 내려 주십시오."

개구라는 둘을 내려다보며 눈빛을 번뜩였다.

"나는 전 세계를 다스리게 될 것이다. 모두가 나를 믿도록 해야 할 것이야."

"명심하겠나이다!"

개구라는 바닥에 내려앉은 까만 재를 손에 쥐었다. 입김을 후 불어 공중에 날리자 재는 흩어졌다 모이기를 반복하며 문장을 만들어 냈다.

"이것이 세상을 손아귀에 넣을 예언이다."

## 인공 지능, 이달 말 세계 정복 계획 발표 예정. 공포의 카운트다운 시작!

문장을 본 부하들은 충격에 휩싸여 입을 다물지 못했다. 개구라가 인공 지능을 적으로 이용할 줄은 상상도 못 했기 때문이다.

"모두의 마음에 잠들어 있는 인공 지능에 대한 공포를 건드려 나를 믿고 의지하게 만들 것이다. 인공 지능을 세계를 정복하려는 악당으로 몰아가야 한다!"

개구라의 계획은 교묘하면서도 철저했다. 고분고분해

보이는 인공 지능이 언젠가 배신할지도 모른다는 불안감을 이용하기로 한 것이다. 경찰서에서 왕재미와 친구들을 해고시킨 것도 일찍이 계산된 일이었다. 인공 지능이 동물들을 밀어내고 일자리를 꿰차면서 시민들의 마음속에 불신의 씨앗이 자랐다. 불신의 씨앗을 키운 세력은 다름 아닌 개구라였다.

하지만 인공 지능 스스로 지구 정복 계획을 세웠다는 주장은 새빨간 거짓말에 불과했다. 어떠한 인공 지능도 자기 혼자 주관이 담긴 의사 결정을 내릴 수는 없기 때문이다.

"한번 공포에 빠지면 아무것도 보이지도, 들리지도 않는 법이다. 알아들었느냐?"

"네, 알겠습니다!"

맹꽁이와 두꺼비는 다시 카메라를 들어 촬영을 준비했다. 개구라는 느긋하게 의자에 앉아 손으로 턱을 괴고 음흉하게 웃었다.

"이제 정말 재밌어질 거야. 아무도 날 막을 수 없을 테니까."

"찾았다!"

예반디가 멀리 보이는 동굴을 가리켰다. 동굴 앞에는 문지기인 청개구리가 서 있었다. 청개구리는 커다란 눈을 깜빡이며 다가오는 자가 없는지 살펴보고 있었다.

"지금 달려가서 공격할까요?"

예반디가 나서려고 하자 짱센풍뎅이가 재빨리 손을 뻗

어 가로막았다.

"잠깐만요, 지금부터는 정말 조심해야 해요."

왕재미도 신중한 표정이었다. 실수를 줄이려면 머리를 맞대는 지혜가 필요했다.

"맞아요. 미리 작전을 짜 놓는 게 좋겠어요. 청개구리 몰래 동굴로 들어가야 해요."

예반디는 고개를 끄덕이며 한 걸음 물러섰다.

"제가 빛을 내서 청개구리를 유인할게요. 그 사이에 두

분 먼저 동굴로 들어가세요. 이전에 우주 반지를 훔쳐 간 걸 보면 이번에도 반짝이는 것을 보고 그냥 지나치지 못하겠죠. 적당히 따돌리고 나면 저도 곧 따라갈게요."

계획이 서자 예반디가 빛을 내며 문 앞으로 날아갔다.

"개굴!"

역시나 청개구리는 예반디를 정신없이 따라가기에 바빴다. 예반디는 높이 날아올라 청개구리를 멀리 유인했다. 그 틈을 타 짱센풍뎅이와 왕재미는 동굴 안으로 잽싸게 숨어 들어갔다.

동굴 안은 캄캄하고 조용했다. 짱센풍뎅이와 왕재미는 발소리를 낮춰 걸었다.

'개구라다!'

개구라는 의자에 깊숙이 기대어 앉아 종이 신문을 천천히 넘겨 보는 중이었다. 커다란 신문에 얼굴이 가려져 개구라가 어떤 표정을 짓고 있는지는 보이지 않았다. 그래도 고래를 들지 않는 걸 보니 신문을 메운 기사들이 꽤 마음에 드는 모양이었다. 바닥에 납작 엎드린 부하들은 눈을

감은 채 조용히 숨을 내뱉었다.

사방에는 타닥타닥 불꽃이 타오르는 소리와 사그락사
그락 신문을 넘기는 소리만 가득했다. 왕재미는 개구라가
낀 우주 반지를 가리키며 눈빛으로 말했다.

'둘이 동시에 가면 들킬지도 몰라요. 제가 반지를 가져
올게요!'

'알겠어요. 보고 있다가 여차 싶으면 바로 달려갈게요.'

왕재미는 아무도 눈치채지 않도록 동굴 벽을 기어올랐다. 그동안 경찰서 회의실로 몰래 기어갔던 경험이 결코 헛되지 않았다. 쿵쾅대는 심장 소리가 귀에 울렸지만, 벽에서 떨어지지 않고 침착하게 잘 움직였다.

'거의 다 왔다. 됐어!'

왕재미는 벽에서 내려와 개구라에게 접근했다. 우주 반지가 코앞에 보였다.

'저걸 어떻게 빼 올까?'

개구라가 우주 반지를 갖고 있는 이상 정면 승부는 피해야 했다. 그와 동시에 개구라가 알지 못하도록 쥐도 새도 모르게 우주 반지를 빼내 와야 했다. 문제는 눈을 시퍼렇게 뜨고 있는 개구라를 어떻게 속이느냐는 거였다.

'천하의 개구라도 개구리의 습성을 완전히 버리진 못했을 거야. 개구리의 약점을 생각해야 해.'

고민하던 왕재미는 문득 개구리는 배를 문질러 놀라게 하면 최면에 걸린다는 사실을 떠올렸다.

왕재미는 크게 심호흡하며 정신을 집중했다. 손에 쥔 빗자루가 미끄러질 만큼 손에 땀이 가득 차고 심장이 요동쳤다. 하지만 이럴 때일수록 오히려 더 자신감을 가져야 했다. 대범하게 행동해야 기습 공격할 기회를 잡을 수 있기 때문이다.

왕재미는 의자 다리를 타고 올라가 팔걸이 위에

섰다. 개구라는 신문에 집중하느라 망토에 왕재미가 달라붙었다는 걸 눈치채지 못했다. 왕재미는 번개처럼 빠르게 개구라의 옷소매 속으로 들어가 주문을 외웠다.

'혈관을 따라 흐르는 전율. 손끝에 전해지는 파

동. 간지럼이여, 나에게 위대한 힘을!'

빗자루가 배에 닿자 개구라는 몸을 움찔하더니 웃음을 빵 터뜨렸다.

"겔겔! 게게게게겔!"

엎드려 있던 부하들은 갑작스럽게 들려오는 방정

맞은 웃음소리에 어리둥절했다.

"개굴?"

부하들은 귀를 의심했다. 하지만 아무도 개구라
가 왕재미의 공격에 당하고 있을 줄은 꿈에도 몰랐
다. 그저 개구라가 신문을 보고 크게 기뻐한다고 생
각했다. 부하들은 영문도 모른 채 개구라를 따라 웃
었다.

"개굴, 개구르르르, 개굴!"

하지만 곧 최면에 걸려든 개구라는 몸을 축 늘어
뜨린 채 쥐 죽은 듯 조용해졌다. 부하들은 종잡을 수
없는 개구라의 행동에 혼란스러워했다. 하지만 감
히 누구도 개구라에게 직접 묻지는 못했다. 서로 눈
치만 보다 아무 일도 없었던 것처럼 잠자코 엎드릴
뿐이었다.

그사이 왕재미는 빗자루를 뻗어 손가락에 걸린
반지를 살살 빼냈다. 개구라가 최면에서 깨지 않도

록 조심했다.

'조금만, 조금만 더!'

마침내 반지를 빼내는 순간이었다. 아쉽게도 왕재미는 손을 헛디뎌 반지를 바닥에 툭 떨어뜨리고 말았다.

반지는 데굴데굴 멀리 굴러 갔다.

'앗!'

숨죽이며 지켜보던 짱센풍뎅이가 굴러간 반지를 낚아챘다. 왕재미는 놀란 가슴을 쓸어내렸다.

'휴, 됐다!'

하지만 반지를 구했다는 기쁨을 누릴 틈도 없이 최면에 걸렸던 개구라가 곧장 깨고 말았다. 개구라는 의자에 떡하니 올라와 있는 왕재미를 보고 얼굴이 새파래졌다.

"으아아! 이 자식이 감히!"

개구라의 푸르스름한 피부 아래 숨어 있던 굵은 핏줄이 선명하게 드러났다. 울끈불끈한 근육은 터질 듯 팽팽해졌다. 왕재미는 이를 악물고 냅다 뛰기 시작했다. 개구라의 눈은 흰자위가 뒤집혀 미친 듯이 번뜩였다.

"당장 개미 녀석을 찾아내!"

동굴은 왕재미를 찾느라 난장판이 됐다.

"개굴! 개굴! 개굴!"

왕재미는 부하들의 다리를 타고, 등을 타고, 손을 타고,
벽을 타고 달렸다. 하지만 개구라가 손가락을 튕기자 왕재
미는 자석처럼 개구라 앞으로 끌려가고 말았다.

"으어어어어!"

왕재미의 목숨줄을 쥔 개구라는 입맛을 다셨다.

"으흐흐. 이게 너의 죗값이다!"

개구라의 입에서 시뻘건 혀가 뱀처럼 길게 튀어나와 꿈틀거렸다. 왕재미에게 축축한 침이 뚝뚝 떨어졌다. 피처럼 붉은 개구라의 목구멍이 지옥의 입구처럼 잔인하게 다가왔다. 왕재미는 눈을 질끈 감았다. 하지만 바로 그때, 작은 빛이 반짝 스쳐 지나갔다. 예반디였다. 예반디는 개구라의 눈앞에서 정신 사납게 날아다녔다.

"비켜요! 비켜!"

예반디를 쫓던 청개구리가 따라왔다. 청개구리는 예반디를 잡으러 개구라의 얼굴 위로 달려들었다.

"개굴!"

하지만 폴짝 뛰어오른 청개구리는 개구라와 박치기하듯 입술이 맞닿고 말았다.

개구라의 분노는 극에 달했다.

"이게 대체 뭐 하는 짓이야!"

개구라는 광기 어린 목소리를 빽 내지르며 왕재미를 더욱 세차게 쥐어짰다. 하지만 왕재미는 마지막 힘을 다해 개구라의 손아귀에서 팔을 빼냈다.

"여기! 받아요!"

짱셴풍뎅이는 왕재미에게 반지를 던졌다. 우주 반지는 은빛 포물선을 그리며 공중에 날아올랐다. 왕재미는 길게 손을 뻗었다. 마침내 반지를 품에 안는 순간, '개구라가 우주 반지를 잃어버릴 경우, 계약을 자동으로 끝낸다'는 계약서 조항에 따라 개구라와의 계약이 깨지고 말았다.

콰콰쾅! 콰쾅!

땅이 갈라질 듯한 굉음과 함께 왕재미에게 천둥 같은 에너지가 전해졌다. 왕재미의 몸은 순식간에 커졌다. 근육이 폭발적으로 부풀어 오르고, 팔다리는 쇠처럼 단단해졌다. 몸을 감싼 라벤더색 털은 빛을 흡수하듯 반짝였고, 발밑에서부터 소용돌이치는 파동이 일어나 주변의 공기가 일렁거렸다. 개구라의 얼굴은 분노와 두려움이 뒤섞여 일그러졌다. 필사적으로 지팡이를 휘둘렀지만 어떠한 마법도 왕

재미의 털끝 하나 건드리지 못한 채 공중에 흩어졌다.

"말도 안 돼! 안 돼애애애!"

개구라는 절규하며 몸부림쳤다. 지켜보던 예반디와 짱센풍뎅이는 놀라움에 입을 다물지 못했다.

"저게…… 왕재미 님의 진짜 모습이라고?"

왕재미의 손짓 한 방에 개구라는 폭풍에 휩쓸리는 낙엽처럼 튕겨져 나갔다. 다시금 미친 듯이 달려들었지만 공중에서 그대로 뒤집혀 땅으로 내쳐질 뿐이었다. 개구라는 무너지는 성벽처럼 처참하게 주저앉았다.

"개굴! 개굴! 개구우우울!"

부하들은 비명을 지르며 날뛰었다. 왕재미가 가볍게 손가락을 튕기자 부하들은 단숨에 비눗방울 캡슐 속에 갇혀버렸다. 눈치 빠른 개구라는 즉시 태세를 바꿨다. 최고의 사기꾼답게 두 손을 비비며 애원하듯 말했다.

"자, 잠깐만! 이보게. 나를 체포해 봤자 세상은 아무것도 변하지 않아. 자네는 우주로 돌아가면 그만이지만 직장을 잃은 불쌍한 곤충 친구들은 이대로 보잘것없는 삶을 살겠지. 차라리 나와 손을 잡는 게 어떠한가? 내가 말했잖아, 이 세계의 질서를 새로 세우겠다고. 나는 작은 동물들을 위한 세상을 만들 거야. 자네도 그걸 원하잖아. 우리는 같은 곳을 향하고 있지 않나?"

왕재미는 떠돌이가 될 예반디와 짱쎈풍뎅이가 마음에 걸려 눈빛이 파르르 떨렸다. 개구라는 구걸하듯 바닥에 엎드려 거짓 눈물을 내보였다.

"자, 제발 나의 손을 잡아. 친구를 버리고 너만 잘 살 순 없지. 이게 모두를 위한 길이야. 나의 진심을 받아 줘."

예반디와 짱쎈풍넹이는 떨리는 손으로 왕재미의 옷깃을 붙잡았다.

"우리는 괜찮아요. 그러니까 제발……."

왕재미는 천천히 다가오는 개구라의 손을 바라보았다. 모두가 숨죽인 그때, 왕재미는 결국 개구라의 손을 잡았다.

"이제 됐군."

개구라가 간교한 미소를 지으며 입꼬리를 올렸다. 하지만 왕재미는 개구라의 손 꽉 쥐며 냉정하게 말했다.

"개구라, 당신을 체포합니다. 당신은 변호사를 구할 수 있으며, 변명의 기회가 있고, 불리한 진술을 거부할 수 있으며, 부당한 체포인지 법원에 판결을 요청할 수 있습니다."

왕재미는 단숨에 개구라의 손목을 뒤로 꺾어 수갑을 채웠다. 개구라는 반항할 틈도 없이 캡슐 속에 갇혔다.

"우아, 됐어! 됐어!"

쌍센풍뎅이와 예반디는 뛸 듯이 기뻐하며 왕재미에게 안겼다. 결국 해냈다는 생각에 눈물이 왈칵 쏟아졌다.

길게 이어졌던 모든 싸움은 끝났다. 개구라의 대사기극은 막을 내렸다.

그 후 몇 개월이 지났다. 왕재미는 우주선을 타고 우주 경찰청으로 돌아갔다. 머나먼 은하에서는 지구에서의 일 년이 고작 하루와 같기 때문에 총장의 자리로 복귀하는 데 아무런 문제도 없었다.

은하계를 순찰하는 날, 왕재미는 짱센풍뎅이와 예반디를 만나러 종종 지구에 방문하고는 했다.

"늦으면 안 돼. 얼른 가야지!"

왕재미의 우주선이 라이어 경찰서에 착륙했다. 경찰서는 신규 경찰 임명식을 앞두고 발 디딜 틈 없이 북적였다.

잠시 후, 임명식이 시작되자 짱센풍뎅이와 예반디가 무대에 섰다. 개구라 사건을 해결한 공로를 인정받아 경찰이 된 것이다.

짱센풍뎅이가 소감을 말하기 위해 마이크를 잡았다.

"오랜 세월 곤충은 경찰이 될 수 없다고 여겨졌습니다. 하지만 모든 동물은 차별 없이 존중받아야 합니다."

예반디가 뒤이어 말했다.

"어떠한 현실의 벽이 가로막더라도, 우리는 우리만의 발걸음으로 나아갈 것입니다. 누군가 잔인한 말로 상처를 주더라도, 더 큰 파도를 일으켜 삼켜 버릴 것입니다. 우리는 작고 강하며, 빛나는 존재니까요."

둘은 한목소리로 '동물 권리 선언문'을 읽었다.

# 동물 권리 선언문

**제1조**

모든 동물은 태어날 때부터 자유롭고, 존엄하며, 평등하다.

**제2조**

모든 동물은 생김새, 성별, 언어, 종교 등 어떤 이유로도 차별받지 않는다.

**제3조**

모든 동물은 자기 생명을 지킬 권리, 자유를 누릴 권리, 그리고 자신의 안전을 지킬 권리가 있다.

**제4조**

어느 누구도 노예가 되거나 타인에게 예속된 상태에 놓여서는 안 된다. 고문이나 잔인하고 비인도적인 모욕, 형벌은 일절 금지된다.

···

**제30조**

이 선언에서 말한 어떤 권리와 자유도 다른 동물의 권리와 자유를 짓밟기 위해 사용되지 못한다. 어느 누구도 남의 권리를 파괴할 목적으로 자기 권리를 사용할 수는 없다.

짱센풍뎅이와 예반디에게 뜨거운 박수가 쏟아졌다. 왕재미가 단상 위에 올라가 꽃다발을 전하자 우레와 같은 환호가 터져 나왔다. 짱센풍뎅이와 예반디를 바라보는 왕재미는 가슴이 벅차 눈시울이 붉어졌다.

"친구들, 진심으로 축하해."

짱센풍뎅이는 목이 메어 떨리는 목소리로 말했다.

"우리가 여기까지 올 줄 누가 상상이나 했을까? 그저 이 순간을 꿈꾸기만 했었는데……."

예반디도 이미 눈가에 맺힌 눈물을 감추지 못했다.

"고마워. 힘들고 지친 순간에도 함께여서 좋았어."

왕재미는 울컥하는 목소리로 말했다.

"내가 더 고마워. 너희와 만난 건 내 삶의 가장 큰 행운이야……."

차가운 아침 공기 사이로 포근한 바람이 불었다. 셋은 뜨거운 감동을 나누며 경례를 올렸다. 최초의 곤충 경찰이 탄생하는 순간이었다.

"쓱싹쓱싹. 왕왕 재밌는 청소♪
우리는 작지만 강하다네♪♬
개굴개굴 개구라를 잡을 거야♬"